长江大保护科普读本

丛书主编　郑守仁

长江三峡工程

主编　季昌化

长江出版社
Changjiang Press

主编 郑守仁

副主编 马建华

副主编 仲志余

郑守仁，安徽颍上人，汉族，1940年1月生，1963年毕业于华东水利学院（今河海大学）水工结构专业，1964年9月加入中国共产党，教授级高级工程师。1997年当选为中国工程院院士。曾任长江水利委员会副总工程师兼葛洲坝工程设计代表处处长，隔河岩工程设计代表处处长。现任长江水利委员会总工程师兼三峡工程设计代表局局长，中国水利学会副理事长。

长期从事大型水利水电工程设计工作，在大流量、高水头河道截流和土石围堰与碾压混凝土围堰设计中有所创新，并常驻工地负责研究解决隔河岩水电站、葛洲坝工程及三峡工程设计与施工中的关键技术问题。先后获国家科技进步特等奖和一等奖各1项、二等奖2项，2004年获何梁何利基金科学与技术进步奖，2005年获湖北省科学技术突出贡献奖。

主要著作：《水利枢纽工程质量标准及监控》，《导流截流及围堰工程》（上、下册）。主要论文："葛洲坝工程关键技术在三峡工程中的应用及发展"，"三峡工程与长江开发及保护"等。

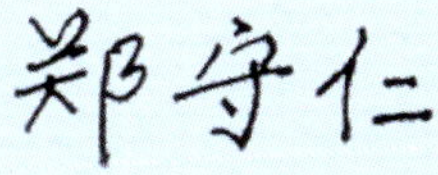

马建华，湖南祁东人，汉族，1963年2月生，1995年12月加入中国共产党，大学本科毕业，教授级高级工程师。

1979年9月至1984年7月，在清华大学水资源专业学习；1984年7月，毕业分配到长江流域规划办公室（1988年更名为长江水利委员会）规划设计处工作；1992年10月任长江委规划设计处防洪室副主任；1996年11月任长江委规划设计处防洪室主任；1998年3月任长江委规划设计处总工程师；1998年7月任长江勘测规划设计研究院副总工程师；2001年8月任长江委副总工程师；2004年6月任长江委总工程师、中共长江委党组成员；2009年11月，任长江委副主任兼总工程师，党组成员。

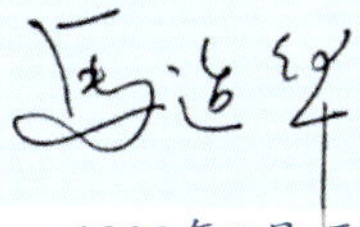

仲志余，江苏泰州人，汉族，1965年12月出生，1982年9月至1989年6月相继毕业于河海大学陆地水文专业（本科）和水资源水文专业（研究生）。九三学社社员、工学硕士、教授级高级工程师。1989年7月起在水利部长江水利委员会设计院规划处工作，历任规划处防洪室副主任，规划处副总工程师、总工程师；2002年10月任长江勘测规划设计研究院副总工程师；2006年2～8月任长江委副总工程师；2006年8月任长江勘测规划设计研究院副院长。

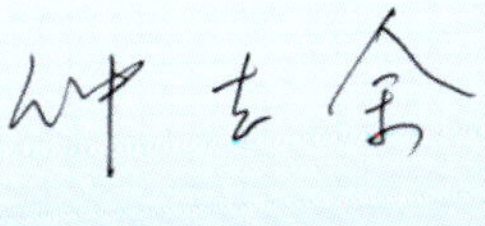

长江三峡工程

编纂人员名单

主　　编　季昌化

副 主 编　崔志豪

编纂人员　（按姓氏笔画排序）

宋维邦　李殿球　邱忠恩

陈华康　陈际唐　陈德基

林　春　许宇明　袁弘任

目 录

三峡水库的环境保护

三峡工程的泥沙研究

三峡大坝的防护

三峡工程通航建筑物

三峡工程水库诱发地震问题

三峡工程库区移民

三峡库区文物保护

三峡工程大事纪要

·1918年，孙中山先生在《建国方略之二——实业计划》中提出改良此上游一段方案：“当以水闸堰其水，使舟得溯流以行，而又可资其水力。”

·1944年5月，美国世界著名高坝专家萨凡奇博士来华，查勘了三峡，提出《扬子江三峡计划初步报告》。

·1950年2月，长江水利委员会成立，着手开展长江的综合治理。

·1955年开始，长江水利委员会全面开展长江流域规划和三峡工程勘测、科研与设计工作，1957年底基本完成。

·1970年12月26日，长江葛洲坝工程批准兴建，1981年开始发电，1989年全部建成。这是有计划、有步骤地为建设三峡工程做实战准备。

·1982年2月，钱正英传达中央领导指示，三峡水利枢纽工程列入近期国家计划。11月24日，邓小平听取国家计委汇报，谈到准备兴建三峡工程时说“我赞成搞低坝方案。看准了就下决心，不要动摇”。

·1989年2月27日～3月7日，水电部三峡工程论证领导小组第十次会议，审议并原则通过重新编制的正常蓄水位175m的《长江三峡水利枢纽可行性研究报告》（审议稿）。至此，三峡工程重新论证工作全部结束。

·1992年4月3日，七届全国人大五次会议通过《关于兴建三峡工程的决议》。三峡工程完成立法程序并进入实施阶段。

·1993年1月3日，国务院下发一号文件，决定成立国务院三峡工程建设委员会，下设办公室、移民开发局和中国长江三峡工程开发总公司。

·1993年4月2日，国务院三峡工程建设委员会召开第一次会议，明确三峡工程管理体制，落实工程建设基本资金，原则同意《长江三峡工程移民条例》。

·1993年7月29日，国务院三峡工程建设委员会召开第二次会议审查并批准长江水利委员会提出的《长江三峡水利枢纽初步设计报告（枢纽工程）》。三峡工程进入全面施工准备阶段。

·1993 年 9 月 27 日，经国务院批准，中国长江三峡工程开发总公司在中国湖北宜昌市正式挂牌成立。

·1994 年 12 月 14 日，三峡工程正式开工。

·1997 年 11 月 8 日，三峡工程胜利实现大江截流，第一阶段建设目标完成。

·2002 年 11 月 6 日，导流明渠截流圆满成功。

·2003 年 6 月 1 日水库开始蓄水，6 月 10 日水位达到 135m 高程。11 月 5 日水位提高至 139m。

·2003 年 6 月 16 日，双线五级船闸试通航取得成功；6 月 18 日，正式向各类船舶开放。

·2003 年 7 月 10 日，三峡工程首台机组正式并网发电。

·2004 年 7 月 8 日，双线五级船闸通过国家验收正式通航（通航水位为 135~139m）。

·2004 年 9 月 8 日 8 时，三峡水利枢纽接受了长江有水文记录以来第三大秋汛的考验，流量为 6.05 万 m^3/s 的洪峰顺利通过三峡水利枢纽。三峡总公司采用现代化的水情预报、监测手段，实施科学水库调度，使三峡工程在蓄水至 135m 以后，首次发挥枢纽的拦洪错峰作用，在确保枢纽安全，工程正常施工和机组安全发电的前提下，成功地将 5 亿 m^3/s 左右的洪水拦截在水库内。三峡工程防洪功能初试锋芒。

·2005 年 9 月 16 日，三峡工程左岸电站最后一台机组即 9 号机正式并网发电，标志着左岸电站 14 台机组比原计划提前一年全面投产。

·2006 年 5 月 20 日，三峡大坝全线达到设计高程 185m，标志着三峡大坝基本建成。

·2006 年 6 月 6 日，已经完成使命的三期碾压混凝土（RCC）围堰被成功爆破拆除，三峡大坝开始全线挡水。

·2006 年 9 月 20 日 22 时，三峡工程开始蓄水至 156m，三峡水利枢纽工程全面发挥综合效益。

·2006 年 9 月 15 日，双线五级船闸完建工程开工。

·2006年10月27日，三峡水库水位蓄至156m，枢纽进入初期运行期。

·2006年12月8日，三期下游土石围堰拆除工程开工。

·2007年1月19日，南线船闸一、二闸首完建单项工程通过验收，1月20日恢复通航。

·2007年2月28日15：00时，三峡三期下游围堰防渗墙成功爆破。

·2007年3月，泄洪坝段导流底孔混凝土浇筑全部完成。

·2007年4月26日，北线船闸一、二闸首完建单项工程通过技术预验收。

·2007年5月1日，双线五级船闸完建工程全部完工，全面恢复通航。

·2007年5月15日，北线船闸一、二闸首完建单项工程通过国务院长江三峡三期工程验收委员会枢纽工程验收组正式验收。

·2007年6月11日，右岸电厂首台机组（22号机）正式投产发电。

三峡工程简介

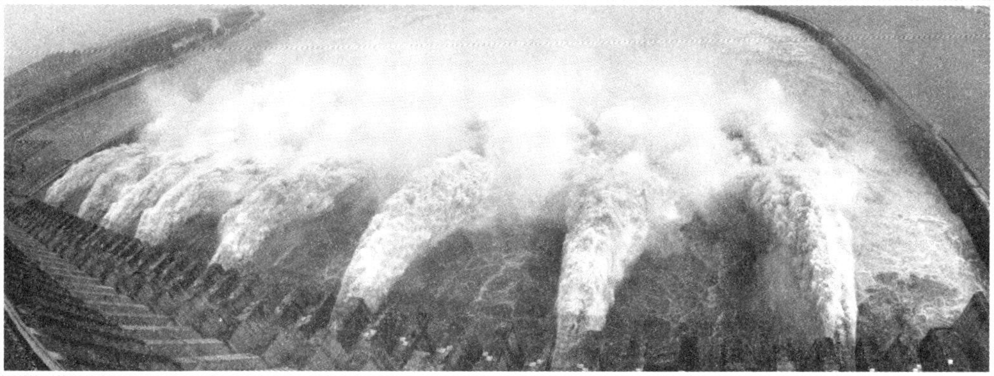

1. 为什么称三峡工程是当今世界规模最大的水利工程?

三峡工程主要由大坝、电站、船闸和升船机、泄水建筑物等组成。世界上衡量这类工程的大小，一般是比较坝高或水电站的装机容量。

三峡大坝是混凝土重力坝，最大坝高 181m。坝顶总长为 2309m，体积约 1600 万 m^3，是世界上规模最大的水利工程。

三峡水电站有两座坝后式厂房和一个地下厂房。左岸坝后式厂房装机 14 台，右岸坝后式厂房装机 12 台，右岸地下厂房装机 6 台，共装机 32 台。每台机组容量 70 万 kW，总装机容量 2240 万 kW。总装机容量、单机容量是世界最大的（其他两个是美国大古力和巴西伊泰普）。因为三峡水库库容大，水量多，三峡水电站的年发电量世界第一。

三峡的船闸是双线五级船闸，这在世界上是绝无仅有的。它的闸室可通过 1.2 万吨级的船队，年单向下水通过能力为 5000 万 t。船闸的总水头、单级水头，升船机的过船吨位（3000t），提升高度都远远大于目前世界上已有工程的规模。

三峡泄水坝设计洪水下泄时的最大流量为 6.98 万 m^3/s，校核洪水时坝址最大下泄流量达 10.25 万 m^3/s，世所罕见。三峡水库调洪泄洪的

特点是水位变幅大，起始泄量大。最高水位 182.0m。要求闸门操作灵活。为此，在泄水坝上部设了 22 个表孔，中部设 23 个深孔，下部还设有 22 个导流底孔（施工后期已封堵），且孔口尺寸都很大，因此大坝结构的复杂程度，也是世界上罕见的。

三峡水库淹没范围涉及重庆市和湖北省的 20 个县（市），移民达 110 万人，这也是世界工程史上所没有过的。

因此，我们可以毫不夸张地说三峡工程是当今世界上规模最大的水利工程。

2. 三峡工程的建设体制是怎样的?

为了加强三峡工程建设的领导和管理，1993 年 1 月国务院成立了三峡工程建设委员会（简称三建委），下设办公室、移民开发局和中国长江三峡工程开发总公司（简称三峡总公司）。三建委的主任由国务院总理兼任，副主任中一位由国务院副总理兼任，另一位为专职的副主任。委员有国务委员、四川省（后改为重庆市）和湖北省负责人、国务院有关部委领导人、中国长江三峡工程开发总公司和设计总成单位——水利部长江水利委员会的负责人。它是工程最高层次的决策机构。

三峡工程建设采用国际上通用的业主负责制、招标投标制、建设监理制以及合同管理制等。三峡总公司作为业主单位，负责筹资、还贷、工程的施工管理及建成后的经营管理，属国有企业。

长江水利委员会（简称长江委）是三峡工程设计的总成单位，对业主负责，进行有偿设计。在建设过程中负责三峡工程初步设计、单项工程技术设计、工程项目的招标设计和提供施工详图。

施工招标对象主要是国内的施工单位，较有代表性的有：葛洲坝水利水电工程集团，水电第一、第三、第四、第五、第六、第七、第八、第九、第十一、第十四工程局，水电三七八联营公司（即水电第三、七、八工程局），四家水利水电联营公司（即水电第四、五、六、九工程局），三联总公司（即水电第一、十一、十四工程局），青云水利水电联营公司（水电第四、十四工程局）等进行联合招标。此外，水电武警总队，以及铁道部大桥局和铁道部第三、十六、十七、十八局等单位也参加了投标。

1997 年 2 月在北京人民大会堂举行三峡工程左岸电站水轮发电机组国际招标的合同签字仪式。招标结果是：供货集团有：（1）法国 ALSTOM/KE—瑞士 ABB 集团（简称 ALSTOM/KE）联合制造 8 台 70 万 kW 水轮发电机组。（2）德国 VIOTH – 加拿大 GEC – 德国 SIEMENS 集团（简称 VGS）联合制造 6 台 70 万 kW 水轮发电机组。哈尔滨电机厂和四川东方电机公司分别为 ALSTOM 和 VGS 的分包商，并接受外方的技术转让，其中三峡左岸 #13 机组和 #9 机组都是以中国企业为主设计、制造和安装的。通过参与联合设计、合作生产、技术引进和消化吸收，不断推进自主创新，两家国内企业掌握了水轮发电机组制造的关键与核心技术，具备了开发、设计、制造 70 万 kW 特大型水轮发电机组的能力，推动了三峡工程大型机电设备的国产化。

承担三峡工程监理任务的单位主要有：长江委监理部，中南、华东、西北及东北勘测设计院以及铁道部科学研究院等。

3. 三峡工程有哪些主要建筑物？

三峡水利枢纽工程主要建筑物有：大坝、电站和通航建筑物。

大坝为混凝土重力坝，最大坝高 181m（坝顶高程 185m），坝顶总长为 2309m，混凝土工程量约 1600 万 m^3。坝身上布置有众多泄洪孔口：23 个深孔和 22 个表孔（还有 22 个导流底孔，施工期导流任务完成后封掉）；电站引水压力管道 26 条，直径 12.4m。

三峡电站厂房为坝后式，即厂房紧接在大坝之后。电站分设在左右两岸：左电站装机 14 台，右电站装机 12 台，总装机 26 台。单机容量为 70 万 kW，总装机容量为 1820 万 kW。右岸山体内预留有地下电站，装机 6 台，单机容量亦为 70 万 kW，作为远景开发。后从有利于电网和三峡电站的安全稳定运行，有利于三峡电站容量、电量效益的进一步发挥，有利于地下电站工程的建设考虑，在三峡工程建设期连续建设装机。预期 2010 ~ 2011 年装完，投入运行。这样，三峡电站总机为 32 台，总装机容量为 2240 万 kW。

通航建筑物包括船闸和升船机，均布置在左岸。船闸为双线五级船闸，双线是指两条并行的船闸，有两条线可同时过闸；五级是指每条船闸分为五级，船（队）一级一级地过，才能从上游到达下游（或反过来）。船闸线路总长 6442m，主体段长 1621m。升船机为垂直升船机，采用齿轮齿条爬升式，可通过 3000t 级客货轮。

4. 三峡大坝有哪些特点？

三峡大坝可以归纳出以下特点：

（1）三峡大坝是混凝土重力坝，混凝土工程量达 1600 万 m^3，是当今世界最大的坝（已建的混凝土坝混凝土量在 1000 万 m^3 以下）。

（2）洪水期要求最大下泄流量大，设计洪水时为 6.98 万 m^3/s，校核洪水时为 10.25 万 m^3/s。为此在大坝上设置了 23 个深孔和 22 个表孔作为泄洪设施。

（3）长江汛期漂浮物多，为排泄坝前漂浮物，大坝上设置了 3 个大孔口排深孔。

（4）三峡电站坝后式厂房 26 台机组，一台机组设一条引水管道，共 26 条压力管道布设于大坝上，管道直径 12.4m，采用钢衬钢筋混凝土联合受力结构形式，背管布置形式。

（5）为防止坝前淤泥进入电站引水压力管道，大坝上布置了 7 个排沙孔。

（6）为三期工程导流、截流需要，在大坝上设置了22个导流底孔。底孔停止使用后用混凝土封堵。

（7）三峡大坝的泄洪坝段布置了三层孔口，从上至下为：泄洪表孔、泄洪深孔和导流底孔，设计、施工均较复杂。

（8）三峡左右岸厂房坝段，缓倾角裂隙相对发育；由于厂房基础开挖需要建基面较低，坝体下游岸坡高达68m，对坝基稳定极为不利。这是三峡工程的重大技术问题之一。经研究，采取多种综合措施后，保证了大坝安全稳定。

5. 三峡工程的施工质量如何？

由于三峡工程的特殊重要性，对三峡工程的施工质量，从上到下都十分重视。国务院三峡工程建设委员会成立了质量检查专家组，由国内的水利水电权威专家组成，每年到工地检查两次，对工程施工中的质量问题及时进行检查并提出整改要求。每个蓄水阶段均进行了安全鉴定和国家验收，工程质量是好的，符合国家标准要求。

施工过程中曾出现过一些质量问题。如二期工程大坝上游面局部部位出现表层裂缝（一般裂缝深度在1m以内）。为此，专家与技术人员进行了专题研究，分析裂缝成因，并采取了严密的处理措施，精心施工，布设了监测仪器，监测裂缝的变形情况。蓄水3年来的监测成果表明，裂缝处理效果是好的，大坝运行是安全的。三期大坝施工时对上、下游坝面采取进一步保温措施，这几年检查的结果表明，大坝上、下游面未发现裂缝。此外，对金属结构工厂生产的部件，均进行严格检查。如某工厂生产的导流底孔弧形门，运至工地后发现个别弧门的材料尺寸不符合设计要求。三峡总公司决定将不满足设计要求的弧门退回厂家。

总之，三峡水利枢纽蓄水运行3年来，大坝、厂房和船闸等建筑物运行良好，安全监测数据表明，建筑物工作正常。国务院三峡工程质量检查专家组组长潘家铮在2006年三峡大坝全线封顶时说，我们已经可以请党中央、国务院领导和全国人民放心，请相信三峡工程是一座优质工程、安全工程、争气工程，她达到了“千年大计国运所系”的要求，她将千秋万代为人民造福！

6. 70万kW大型机组的设计、制造、安装和运行情况如何?

三峡工程设计装机26台70万kW大型机组（另设地下电站6座），左岸电站14台机组当时采购时，是世界上容量最大、直径最大、质量最重的机组。这样的大型机组我国当时尚不能制造。三峡总公司本着采用成熟技术和加速先进技术成熟化的指导思想，在采购国外先进设备的同时，通过引进关键技术、消化吸收创新，为国产化创造条件。为此，机组招标文件规定：投标者对供货设备的经济和技术负全部责任，投标者必须与中国有资格的制造企业联合设计、合作制造；要求投标者必须向中国制造企业转让技术。并规定，必须由中国制造企业为主制造2台机组。最后，三峡左岸14台机组中，ALSTOM公司中标8台，与挪威克瓦纳和哈尔滨机电有限责任公司（哈电）合作；德国和加拿大VGS联合体中标6台，与东方电机股份有限公司（东电）合作。国内两家制造企业分包份额大于合同总额的30%。中标的外国制造厂商完全响应招标文件提出的有关技术转让的条件，承诺连同机组设计软件转让给中国合作企业。这样，

国内企业不仅掌握了已引进的技术，而且提高了大型水电设备的设计和制造水平和工艺水平。

三峡机电安装总体质量水平及进度居世界前列。左岸电站 14 台机组于 2005 年全部并网发电，年最多安装、并网发电机组达 6 台之多，创世界安装最高纪录。

3 年来，机组运行情况良好、稳定，把一枚硬币竖放在发电机层楼板上可以立稳不倒。

7. 三峡工程是如何分期施工的？进展情况如何？

三峡工程规模巨大，建筑物结构复杂，导流流量大，需满足施工期通航要求，工程采取分三期导流的方式施工。一期工程，围该段长江中堡岛以右的支汊，主河槽继续过流、通航。在一期土石围堰的保护下，开挖导流明渠，修建混凝土纵向围堰及三期碾压混凝土围堰的基础部分。同时在左岸修建临时船闸，并进行升船机、永久船闸及左岸 1 ~ 6 号厂房坝段、厂房的施工。一期工程包括施工准备工程在内，工期为 5 年，于 1997 年完成，大江截流标志着二期工程开始。二期工程围左部河床，截断大江左河床，填筑二期上下游横向土石围堰。在二期围堰保护下，修建泄洪坝段、左厂房坝段及电站厂房，继续修建永久船闸和升船机，江水改由右岸导流明渠宣泄。船舶由明渠和左岸临时船闸通过。二期工程工期为 6 年。二期工程完成后，进行导流明渠截流，利用明渠的碾压混凝土围堰和左岸大坝挡水，三峡水库开始蓄水到 135m，永久船闸和左岸电站部分机组开始投入运行。三峡工程初步发挥效益。三期工程封堵明渠时，先填筑上下游土石围堰，在其保护下，浇筑三期上游碾压混凝土围堰至 140m 高程，库水位由泄洪坝段的泄洪深孔和导流底孔调节。在三期围堰保护下，修建右岸厂房坝段、电站厂房及右岸非溢流坝段。后根据电力市场和工程建设安排需要，原作为远景规划的地下厂房在三期工程开始兴建。三期工程的工期为6年。

计划总工期为17年，第一批机组发电工期为11年，即1993年开始施工准备，1997年12月大江截流，2003年6月水库开始蓄水、发电、永久船闸通航，2009年工程竣工（原不包括地下电站）。

三峡工程三期工程进展顺利，三峡大坝于2006年5月20日全线达到185m设计高程，比预期提前10个月。左岸电站的第一批机组将于2007年汛期开始发电，三峡工程将于2008年建成，比原计划提前一年。提前兴建的地下电站已决定连续装机，6台机组将于2011年安装完毕并发电。

8. 三峡工程在设计与施工中有哪些关键技术和创新?

三峡工程规模宏大，是当今世界最大的水利水电工程。在设计研究和建设过程中解决了一系列关键技术并取得了突破，保证了三峡工程顺利实施，并安全经历了3年初步蓄水运行。标志着我国水利水电科技已达国际先进水平，有些项目为国际领先。

三峡工程主要关键技术可概括为：高水头、大流量泄洪设备的布置和消能防冲技术；坝体大孔口结构设计及封堵技术；坝基岩体不利结构面处理技术及坝基渗控技术；巨型电站引水压力管道的进水口设计、管道布置形式和钢衬钢筋混凝管技术；大型金属结构和机电设备设计、制造及安装技术；大型船闸通航水力学和输水系统关键技术，高边坡开挖和加固技术，闸室衬砌式结构技术，特大型人字门、启闭机、反向弧形门及其启闭系统技术，船闸运行集中自动控制技术；地下电站变顶高尾水洞技术等。这些技术已达到国际先进水平。其中，多级船闸关键技术，巨型水轮机解决高水头部分负荷运行区水力脉动的综合技术，大坝混凝土高强度施工及温控防裂技术，大流量深水河道截流及深水高土石围堰设计施工技术等达到国际领先水平。

9. 三峡工程投资到底有多少？原来的预算包得住吗？

1993年7月国家批准的初步设计概算为：三峡枢纽工程投资500.9亿元，水库移民安置和淹没处理495亿元，合计900.9亿元。这个数字是按照1993年5月末的价格水平计算出来的，称之为静态投资。工程和移民是逐步进行的，投资也是分年投入的，前后长达18年（1993～2009年），因此要考虑物价上涨因素。根据预测，价差预备费为749亿元。工程建设过程中不断贷款，需支付利息389亿元。工程的动态投资为2039亿元人民币。

实际投资情况如何呢？由于物价指数比预测的低，工程进展顺利，电站提前发电，加上严格资金管理，注意节约，到2005年12月31日实际完成投资1220.31亿元，与国务院1994年批准的总体筹资方案同步比较，少支出232.67亿元。由于发电收益比预期的好，2005年收入与投资已达到平衡，这表明后期所需的300亿～400亿元资金已经可以不需贷款，而且可以提前还贷。预计工程投资回收年限将缩短3～4年，到2009年（即工程竣工后一年之内），投资即可全部收回。比预计的投资至少节省200亿元人民币。

现在可以断言，三峡工程是一个投资省、见效快的工程。

10. 三峡工程投资是如何控制的？

1993年7月26日国务院三峡工程建设委员会（以下简称三建委）审查并批准了《长江三峡水利枢纽初步设计报告》。根据批准的初步设计报告，按1993年5月末的价格水平，三峡枢纽工程初步设计概算的静态投资为495亿元，茅坪溪防护工程5.9亿元，合500.9亿元；水库淹没处理和移民安置静态投资为400亿元，工程静态总投资为900.9亿元。另价差预备费749亿元（1993～2009年，按预测物价指数测算），建设期支付利息389亿元（1993～2009年，按总体筹资方案各融资渠道利率水平测算）。工程动态总投资为2039亿元人民币。

（1）工程资金管理　根据三峡工程概算，计划和资金管理暂行办法规定，以及三峡工程建设资金使用管理暂行办法，三峡工程概算、计划和资金管理应按照社会主义市场经济的原则，落实项目法人责任制，坚持水库移民补偿投资分块包干的原则，和三峡工程建设资金使用管理坚持“区别对待、分类管理、专款专用”的原则。

三峡总公司作为项目法人单位对三峡工程基本建设财务实行统一管理、集中核算，负责工程建设过程中的资金筹集、资金使用、工程价款结算、费用开支标准、贷款偿还、税费缴纳、固定资产交付使用、工程竣工决算、工程建设投资节余提取与使用等工作，重大财务决策由三峡总公司报国务院三峡工程建设委员会、财务部、国资委等国家有关部门批准。

（2）三峡工程总投资预测　根据三峡总公司2004年年鉴统计资料，自开工以来，截至2003年底，工程投资1005.07亿元，其中静态投资完成666.7亿元，占工程静态

总投资的74%；价差预备费发生191.59亿元，贷款利息发生135.43亿元，库区移民包干外补偿11.78亿元。预测三期工程（2004～2009年）投资约760亿元，合计工程总投资约1765亿元，因此三峡总公司预测

2003 年三峡工程总投资可以控制在 1800 亿元以内。

另根据三期枢纽工程蓄水（156m 水位）验收资金使用总体情况，截至 2005 年 12 月 31 日，三峡工程累计完成投资 1220.31 亿元。与 1994 年国务院批准的三峡工程总体筹资方案同步比较，少支出 232.67 亿元，其中枢纽资金支出 481.91 亿元，比总体筹资方案的资金流 712.87 亿元少支付 230.96 亿元；库区移民拨款 510.47 亿元，比总体筹资方案的资金流 467.09 亿元提前支付 43.38 亿元；利息净支出 145.42 亿元，比总体筹资方案的资金流 250.84 亿元少支付 105.42 亿元。预计未完工程投资 300 亿 ~ 400 亿元（含库区移民包干外补偿费），工程总投资可控制在 1800 亿元范围内。

（3）三峡工程投资回收年限预测　初步设计预测工程总投资为 2039 亿元，主要资金来源有三峡建设基金（电力加价）900 亿 ~ 1000 亿元，葛洲坝水力发电厂发电收益 100 亿元，国家开发银行贷款 300 亿元（自

1994 ~ 2003 年每年安排 30 亿元），三峡电厂建设期逐年投产发电收入 670 亿元。其中三峡建设基金不还本付息，工程回收年限为 20.44 年，即 2013 年为回收的最后一年。根据统计资料，截至 2005 年 12 月底，国家拨入三峡基金及财政专项拨款 623 亿元，作为国家财政拨入的基本金；国家开发银行贷款、企业债券、商业银行贷款、国外出口信贷等债务性资金来源 440 亿元（按债务余额统计）和自筹资金（三峡电站发电收入净现金及转让三峡机组收入）242 亿元，合 1305 亿元。工程累计完成投资 1220.31 亿元。工程后期需投入资金 300 亿 ~ 400 亿元。鉴于工程建设与水库移民进度均较初步设计进度提前，三峡工程于 2008 年（除船闸主体段外）完建，工程建设已进入发电收入与工程投资平衡年，工程建设期发电量增加，还贷能力增强；国家宏观调控得力，物价稳定，贷款利率走低，预计工程投资回收年限将缩短 3 ~ 4 年，即预期于 2009 年可全部回收投资。

三峡工程建设方案及效益

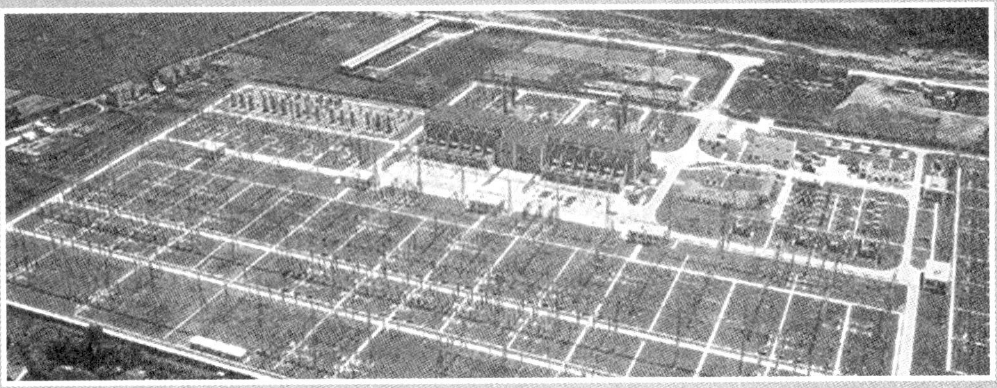

11. 三峡工程建设方案有哪些特点？实际建设方案与设计方案有无变化？

经过多年反复论证，国务院审查并报全国人大七届五次会议审议通过的初步设计中采用的三峡工程建设方案是：水库正常蓄水位 175m（吴淞基面，下同），汛期防洪限制水位 145m，枯水期消落最低水位（相当于一般水库的死水位）155m，大坝坝顶高程 185m，“一级开发，一次建成，分期蓄水，连续移民”。“一级开发”系指从三峡坝址到重庆之间的长江干流上只修建三峡工程一级枢纽（在论证中曾比较过两级开发方案）。“一次建成”指工程按合理工期一次连续建成，不采用某些大型工程（如丹江口工程）先按较小规模建设以后再扩建的方式。“分期蓄水”指枢纽工程建成后水库运行水位分期抬高，以缓和水库移民的难度，并可通过对初期蓄水运用时水库泥沙淤积的观测，验证泥沙试验研究的成果；拟定的初期运行水位为 156m，按这个水位运行 6 年再视水库泥沙淤积情况确定抬高至水库正常蓄水位 175m。“连续移民”是指移民在工程建设期间分批不分期，连续搬迁，但均一次搬迁到位。这个方案的主要优点是：较好地解决了水利资源开发利用与生态环境、水库淹没移民、泥沙淤积之间的矛盾；较好地协调并合理满足了防洪、发电、航运对三峡工程开发的基本要求；有利于少投入早产出，第一批机组发电前的投资约为全部工程投资的 1/2，建设期间即可发电约 5000 亿 kWh，减少国家投资压力。

三峡工程按设计方案于 1993 年正式开始作施工准备，1994 年 12 月 14 日正式开工，2003 年 6、7 月实现了围堰挡水发电（水位 135m）、双线 5 级船闸通航，左岸电厂开始发电，标志着三峡工程建设取得了首战胜利。三峡工程实际施工建设过程与初步设计方案基本相同，只是许多工程项目提前完工，因而大大增加了三峡工程施工建设期的效益。

12. 三峡工程可发挥哪些主要效益?

三峡工程在治理开发长江的全局中具有战略作用，是关键性工程。三峡工程建成后将是我国、也是世界水利工程中综合利用功能最全、综合效益最大的工程，可以发挥巨大的防洪、发电、航运效益和一定的旅游、水产、排灌、引水等效益。

（1）防洪。近期可使荆江河段防洪标准达到百年一遇以上，（现有堤防的防洪标准只是十年一遇）遇更大洪水时（如 1870 年历史最大洪水）配合荆江分洪工程可保证荆江河段行洪安全，避免发生荆江两岸大堤溃决。当整个长江防洪体系建成后，三峡工程在其中将发挥关键性的、不可替代的作用。

（2）发电。三峡电站共装单机容量 70 万 kW 机组 32 台，装机容量 2240 万 kW，年发电量达近 900 亿 kWh，是目前我国、也是世界上最大的水电站。主要供电华中、华东和广东地区，替代火电，每年可节省 4000 亿 ~ 5000 亿 t 标准煤。同时，由于三峡电站规模巨大，地理位置适中，可促进全国联合电力系统的形成和发展，取得巨大的联网效益，也是长江“西电东送”的中间电站。

（3）航运。根本改善重庆至宜昌 660km 川江航道，使航道通过能力由天然情况下 1200 万 t 左右提高到 1 亿 t 以上（下水通过能力。）并可增加长江中游枯水期流量和水深，保持航深 3m 以上。使万吨级船队终年可由重庆直达武汉以下，大大改善西南地区对外交通运输条件。

（4）旅游。三峡工程建成后，基本上没有改变三峡的自然景观，原有的旅游景点得以保存。个别的景观已搬迁或加以保护，还增加了一些新的旅游点（包括雄伟的三峡工程），改善了交通条件，将促进地区旅游事业的发展。

（5）有利于“南水北调”。经三峡水库调节后，枯水季的下泄流量比天然情况增加 2000 多 m^3/s。这为向汉江中下游补水，从而增加“南水北调”中线的可调水量，以及增加枯水季“南水北调”东线的调水量创造了条件。

13. 三峡工程效益可以持续发挥吗?

有关部门长期研究成果表明，三峡工程效益可以持续发挥，呈增长趋势。

据研究，三峡工程效益随着运行时间的延长将会发生变化，影响这种变化趋势的原因有内部因素和外部因素。主要的内部因素是三峡水库的淤积问题和水库的环保问题。主要的外部因素是上游干支流的梯级开发和上游水土保持等。

第一，三峡水库会不会“淤死”，是三峡工程能不能长期发挥效益的关键。几十年的研究成果表明，三峡水库永远不会被“淤死”。即使在不考虑长江上游梯级开发和水土保持拦沙效果的情况下，水库运行百年左右达到冲淤平衡，只损失（减少）防洪库约 9% ~ 14%，损失兴利库容约 4%~8%。考虑到上游建库和水土保持拦沙效果将更为有利，关于这个问题请参阅“泥沙淤积”专题。

第二，长江干支流上兴建一系列水库以后，它们与三峡水库联合运用，会增加三峡水库调控洪水的能力，增加三峡水库的防洪作用。水土保

持对三峡工程效益的影响和作用比较缓慢，但是持续而有力的，其“后劲”越来越大。

第三，长江上游开展的环境保护工程，特别是水土保持工程和造林工程，可以涵养水源，增加河流的基本流量和枯水流量，减少水土流失，减少长江的含沙量。这些对于三峡水库的长期运用和增加效益是十分有利的。这些工程在三峡工程兴建前就已经进行，取得明显效果。

14. 三峡工程对南水北调有哪些作用和影响?

正在兴建的南水北调工程是解决我国北方缺水问题，支撑经济社会发展的战略措施。三峡工程建成后可增加和改善南水北调中、东线工程的可调水量。

（1）增加中线调水工程的北调水量

南水北调中线工程从汉江上游丹江口水库调水后，对汉江中下游工农业用水量和水环境有一定的影响，可调水量受到限制需要采取补偿措施。最关键的措施是兴建“引江济汉”工程（又名“两沙运河”）。“引江济汉工程”是从长江的沙市附近建一条运河引长江水到汉江潜江市高石碑附近的兴隆以下河段，补给汉江下游的水量，规划引水流量500m^3/s。在三峡工程建成前，荆江河段枯水期流量只有3000 ~ 4000m^3/s，没有条件引500m^3/s流量到汉江。三峡工程建成后，枯水期流量增至5860m^3/s，为兴建“引江济汉”工程，增加从丹江口水库北调水量创造了条件。此外，从长远看，如果华北地区还需要扩大调水量时，还可以从三峡库区或坝下直接引水。

（2）增加南水北调东线枯水期从长江抽水的时间

东线工程从长江下游抽水，长江下游水量丰富，引水对长江口以下的水位影响很小。但在枯水期，大量抽水，减少入海水量，会增加海水倒灌，盐水入侵。为了避免因调水而引发上海市的水质恶化，根据环保要求，当长江枯水流量在 9000m^3/s 及以下时不能从长江抽水。要解决这一矛盾，就需要适当加大长江至洪泽湖区的输水工程规模，并提高洪泽湖的兴利水位，增加调蓄库容，在长江枯水期之前多抽一些水。三峡工程建成后，长江大通站枯水期月平均流量增大到 1 万 m^3/s 以上，从而可增加东线工程从长江抽水的时间，可根据北调水量的要求全年适时抽调江水。

15. 为什么说三峡工程建成后长江才能真正成为“黄金水道”？

长江水系是我国内河运输的重要航系，共有大小通航河流 3600 多条，通航里程 57447km，占全国内河航道里程的 52.6%。其中长江干流尤其是重庆以下至长江口干流的航道更是主轴，俗有“黄金水道”之誉。但在天然状况下，这段航道中存在两个问题严重妨碍了它的作用，一是重庆至宜昌川江航一段道滩险多、水流急、比降大、航道尺度小，严重限制了航道通过能力；二是宜昌以下至汉口中游航道，特别是荆江河段，枯水季节多浅滩，航道水深小，影响船舶（队）的正常运行和通过能力。据“长江水系航运规划报告（1993 年修订本）”分析：天然状况下，重庆至宜昌 660km 航道只能通行 1000t 船舶和 3000t 级的船队，年单向通过能力约 1258 万 t。而宜昌至临湘 416km 航道只能通行 1500t 船舶和 6000t 级船队，年单向通过能力约 13497 万 t；临湘以下长江干流航道，则可通过万吨级船队，年单向通过能力达 3 亿 t 以上。这种状况大大制约了“黄金水道”作用的发挥。

三峡工程建成后，可以根本改善坝址以上库区航道，正常蓄水位 175m 时，川江原有的滩险和单向控制航段被淹没，形成深水航道，航道拓宽，水流减缓，航行条件得到根本改善，万吨级船队可直达重庆市九龙坡，川江通过能力将大幅度提高，航运成本大幅度降低，可节约航运成本 35% ~ 37%。由于水库调节，荆江段枯水期流量可由天然情况下的 3000m³/s 左右提高到 5860m³/s，浅滩航道水深可增加约 0.5m，保证航深大于 3m，从而改善了中游航道条件。这就使长江干流上中下游航道条件比较协调，为发挥长江干流的航运优势创造了条件。以万吨级船队来说，天然情况下只能从上海通到临湘，通航里程 1253km，三峡工程建成后，可以从上海直达重庆，通航里程 2329km，比天然情况下几乎延长了一倍。可见，三峡工程建成后长江才真正成为“黄金水道”。

16. 为什么说三峡工程是长江综合防洪体系中的关键工程?

长江的洪灾十分严重。要彻底解决这个问题不是靠一项措施或某几个工程就能达到的，而是要建设一个综合性的防洪体系。这个防洪体系主要由长江中、下游的堤防，上游干支流水库和中游的分蓄洪区构成。针对不同的洪水，它们要配合运用，而三峡工程是其中的关键工程。

这个问题我们可以从两方面来分析：一是从控制洪水来源方面，二是从控制致灾洪水方面。

从控制洪水来源方面来看：长江中下游洪水主要由上游的金沙江、岷江、嘉陵江和中下游的洞庭湖水系、鄱阳湖水系组成。其中长江上游洪水是长江中下游洪水的主要来源，如 1931 年、1935 年、1949 年和 1954 年几个大洪水年，宜昌 60 天洪量，分别占荆江洪量的 95%，城陵矶洪量的 61% ~ 80%，汉口洪量的 55% ~ 76%。因此，控制长江上游洪水对长江中下游防洪至关重要。三峡工程位于宜昌以上西陵峡口，扼长江上游洪水进入中下游平原的咽喉，能对长江上游洪水进行有效的控制和调节。研究表明，由于上游的洪水不是同步发生的，因此，分散在上游各处的水库防洪库容不能充分发挥作用。同等大小的防洪库容的效果大约只相当三峡水库的三分之一。特别是，从这些河流最下游的一个控制水库至宜昌区间还有约 29 万 km² 的面积，也是个暴雨区，只有三峡水库才能对其控制和调节。

从控制致灾洪水方面来看，不是所有洪水都会造成洪灾，只有一部分洪峰流量很大、超过河道安全泄量的洪水才会造成洪灾。据调查分析，在现有堤防情况下，荆江河段安全泄流量为6万～6.8万m^3/s（加临时分洪措施为8万m^3/s），城陵矶附近河段安全泄流量约6万m^3/s，汉口河段约7万m^3/s，鄱阳湖口河段7.5万～8万m^3/s。因此，长江特大洪水年的洪量绝大部分可以通过河道下泄，只有超过河道安全泄量的部分洪量才需要三峡水库拦蓄，通常叫做“削峰”，例如1870年同型上游来的洪水洪峰流量为11万m^3/s，荆江河段安全泄量只有6万～6.8万m^3/s，加临时分洪也只有8万m^3/s，因此三峡水库只需削减3万m^3/s洪峰流量。这部分洪峰流量虽然很大，但历时短，洪量并不太大。所以，三峡水库防洪库容相对于长江洪水总量来说虽不大，但足以削减洪峰，“四两拨千斤”，满足防洪要求。

17. 三峡水电站有哪些特点?

三峡水电站有以下的主要特点。

（1）装机规模大，发电量多

三峡电站装机台总数为32台，总装机容量达2240万kW，是目前世界上最大的水电站，约为巴西、巴拉圭两国合建的伊泰普水电站（1260万kW）的1.8倍，为美国最大水电站大古力（1083万kW）的2.1倍，加拿大最大水电站拉格兰德二级（732.6万kW）的3.1倍，俄罗斯最大水电站萨扬舒申斯克（640万kW）的3.5倍。由于长江水量大，因此，发电量也多，多年平均发电量近期847亿kWh，远景可达900亿kWh，相当于每年可节省约5000万t标准煤。

（2）发电的稳定性好

三峡工程坝址控制长江流域面积100万km^2，包括西藏、青海、云南、贵州、四川、重庆等广大地区。由于流域面积大，地域之间相互补偿，使得各年来水量相对变化不大。因此，各年的发电量相差也就不大，丰水年的发电量比平水年只约多 10%，枯水年的发电量也只比平水年少 10%。三峡电站发电的稳定性比一般水电站好。

（3）发电的持续性好

影响三峡电站发电的主要因素有：工程本身寿命（包括大坝、厂房）、水库泥沙淤积、机组更新及上游建库等外部因素。三峡工程可以长期使用，水库泥沙淤积基本上不影响发电库容的长期使用；上游建库等外部条件变化可增加三峡水库入库枯水流量，有利于提高三峡电站发电量。因此，三峡电站建设后可以长期持久地维持正常发电，并且长期发电效益呈增长趋势。

（4）发电的可调节性较好

在电力系统中，核电站和径流式电站不能调节，火电站也只能调节其最大出力的 20% ~ 30%，这就要求有调节能力的水电站多进行调节。三峡水库从 10 月开始蓄水，直至次年 5 月期间水库调节性较好，电站发电扣除检修和承担航运基荷及事故、负荷备用负荷后，调峰工作容量可达 1200 万 ~ 1500 万 kW。汛期（6~9 月）为满足防洪需要，一般情况下水位降低至防洪限制水位，但仍可利用水位变动范围进行调节，在不影响正常通航的情况下，其调峰能力为 600 万 ~ 800 万 kW，当来水流量为 2.2 万 m3/s 以下时，最大可达 1000 万 kW 以上；当来水流量超过水轮机组过水能力（2.5 万 ~ 3 万 m3/s）时，如果系统调峰需要，还可以采取弃水调峰的方式增加调峰容量，此时要损失一定的发电量。

（5）地理位置优越

三峡水电站位于我

国腹地，东距武汉、上海分别为350km和1000km，西距重庆500km，南距广州900km，北到北京1100km。说明三峡电站向各负荷中心地区送电的距离都在经济合理的范围内。从全国来看，三峡水电站位于北方煤电为主，南方水电多，长江西部水电丰富，东部水电少的交界处。地理位置的优越性及电站的规模巨大，可促进全国统一大电网的形成和为西部大规模水电开发后东送创造条件。

18. 三峡水电站的建成对长江上游水能开发有哪些作用？现在是如何规划的？

长江流域水能资源丰富，其中约90%分布在宜昌以上的长江上游干支流上。三峡水电站的建成不仅为华中、华东地区提供廉价、清洁的电能，还可以促进长江上游水能开发。

（1）可为加快长江上游大型水电站建设积累丰富的经验

三峡电站是在长江干流上修建的第一座高水头大型水电站（葛洲坝是低水头电站），三峡工程建设中一系列重大技术问题的研究和解决，为开发长江上游大型水电站积累了丰富的经验，有助于加快上游水电站的前期工作和施工建设、运行管理。

（2）有利于“西电东送”，加快长江上游水能开发

长江上游水能实行“西电东送”的距离太远，送电时除功率、电能损失大外，电压损耗也很大，送端电压与受端电差特别大，解决这些问题在技术上较困难。三峡水电站正处在“西电东送”的中间地带，可以起到电压的支撑作用，为加快长江上游水能开发，实施“西电东送”创造了有利条件，对电网稳定运行也起到决定的作用。

（3）为滚动开发长江上游水能积累资金

三峡水电站每年可生产800多亿kWh的优质电能，按已达成的协议上网电价0.25元/kWh计，每年售电收入即达200多亿元，三峡电站

运行费低，还贷期短。还清贷款后，将积累起雄厚的自有资金，可用于上游水能资源按“流域、梯级、综合、滚动”加快开发，称为“滚动开发”。

目前国家已赋予三峡工程开发总公司负责滚动开发金沙江下游的乌东德、白鹤滩、溪洛渡、向家坝等4座大型水电站。4座水电站总装机容量3800万kW，年发电量1900亿kWh，相当于两个三峡电站年发电量。其中溪洛渡电站已于2006年12月26日正式开工。4座水电站的主要技术经济指标如表。

表　三峡工程滚动开发电站技术经济指标表（第一批）

项目	单位	指标			
		乌东德	白鹤滩	溪洛渡	向家坝
所在河流		金沙江	金沙江	金沙江	金沙江
建设地点		云南禄劝县 四川会东县	云南巧家县 四川宁南县	云南永善县 四川雷波县	云南永富县 四川宜宾县
控制流域面积	km^2	406100	430310	458800	646000
开发方式		坝式	坝式	坝式	坝式
正常蓄水位	m	950	820	600	380
总库容	亿 m^2	43.3	179.2	115.7	49.8
调节库容	亿 m^2	16.3	112.7	64.6	9.0
装机库容	万kW	740	1200	1260	600
年发电量	亿kWh	317.44/357.62	495.34/563.34	571.2/639.2	288.8/352.0
综合利用		发电、防洪、航运	发电、防洪、航运	发电、防洪	发电、防洪、航运、灌溉、供水
坝型		混凝土重力坝	混凝土拱坝	混凝土双曲拱坝	混凝土重力坝
最大坝高	m	219	265	278	161

注：年发电量栏内/以上为单独运转指标，/以下为联合运转指标。

三峡水库的环境保护

19. 三峡工程围堰挡水发电，蓄水后水库水质状况如何？

2003年6月，三峡工程第三期围堰建成后，利用围堰挡水发电，水库蓄水至水位135m。坝前水位比天然状况抬高了60多m。回水区内干流和支流的水文条件发生了较大变化，水质状况变化如何，人们十分关注。

2003年5月25日～6月20日长江流域水资源保护局对库区水质状况进行监测，结果表明，蓄水期间库区水质无明显变化，总体水质仍以Ⅲ类为主。挥发酚、石油类和铅的监测值符合Ⅰ类水质要求，溶解氧、高锰酸盐指数和氨氮的监测值符合Ⅱ类水质要求，总磷基本符合Ⅲ类水质要求。但粪大肠菌群指标普遍超过Ⅲ类标准，达到Ⅳ类甚至劣Ⅴ类。

2004年，长江三峡工程生态与环境监测系统有关部门对库区的水环境质量展开了全面监测，包括对长江干、支流水质和敏感期“水华”预警监测等。2002年，2003年和2004年对库区长江干流16个监测断面的15项主要水质指标，按枯、平、丰水期进行的6次监测表明，库区干流各断面年度水质均达到或优于Ⅲ类标准。2004年Ⅱ、Ⅲ类水质断面数分别为6%和94%，其中，枯水期各占50%；平水期为38%和62%；丰水期全部断面水质均为Ⅲ类。与2003年相比，库区干流水质无明显变化，仍以Ⅲ类水质为主，但Ⅱ类水质断面比例有所下降。

2006年2月国家统计局公布的三峡库区水质状况为：三峡库区6个断面中，1个断面为Ⅲ类，其余5个断面均为Ⅱ类水质，说明水库蓄水两年来总体水质是稳定的。

对库区6条支流9个监测断面11项主要水质指标，按月进行的12次监测结果表明，库区支流断面水质较好，除乌江和嘉陵江2个断面粪大肠菌群超标、嘉陵江北碚断面石油类超标外，其他断面水质均为Ⅱ、Ⅲ类。

2004年春、夏季，一级支流香溪河、大宁河、神女溪、抱龙河及坝前凤凰山库湾多次发生时段相对集中、范围相对固定的“水华”现象。6月上旬，对库区12条一级支流进行了“水华”爆发敏感期预警监测，24个监测断面中呈富营养状态的14个，其余为中营养。由此可见，对于蓄水后库区部分支流及库湾的富营养化问题应当密切关注，高度重视。

三峡水库蓄水运行后，由于水库的沉降和生化作用，下泄水变清，透明度增大，水质变好。全年大多数月份的月平均下泄水量与天然情况相同，枯水期有所增加，仅10月份水库蓄水期有所减少。水库运行匀化了下泄径流量，有利于提高坝下游城市江段的稀释自净功能，改善和稳定坝下游水质。据监测，蓄水后宜昌南津关断面的水质显著上升。

综上所述，由于采取了一系列措施保护库区和上游地区生态环境，防治污染，认真清理库底，确保了三峡135m蓄水水质总体稳定，将水文情势变化对水质的不利影响降至最小限度。

20. 三峡水体会产生富营养化吗?

水体中的营养物质氮、磷和钾累积到一定程度，就会发生富营养化，造成藻类大量繁殖，形成“水华”，水中溶解氧下降，水质恶化，丧失使用功能。

三峡水库蓄水后，对氮、磷、钾等营养物质有一定的拦蓄作用，但拦蓄情况因营养物性质而异。营养盐氮和钾的拦蓄主要通过生物固定，因三峡是河道型水库，库水流速较大，通过浮游生物量的增加固定的氮和钾是有限的。营养物质磷，易形成不溶于水的化合物被细颗粒泥沙吸附，绝大部分随水流下泄，少部分随泥沙沉积于库底，不易被生物摄取。库水中易为生物摄取的可溶性磷的含量很低，且建库前后变化不大，因此，建库后由生物固定的磷的数量也不多。由此可见，营养物质氮、磷和钾在三峡水库富集的可能性不大，主要随库水下泄。因此，从总体上说，三峡水库不会出现富营养化问题。这点已为蓄水后的监测数据证实：蓄水 2 年来，库区长江干流段的水质与蓄水前多年同期监测结果相比没有明显变化，包括总氮、总磷含量在内的总体水质维持在优于地表水Ⅲ类标准的水平。

但是，在营养物质来源丰富、富集条件好的局部水域，如流速小、水深浅，有农田径流汇入的小支流库段和库湾，有可能出现富营养化。2003 年 6 月初水库蓄水期间，坝址附近的香溪河、大宁河和梅溪河，因受长江水顶托，流速变缓，再加上气候、营养盐含量水平等其他诱因，爆发了“水华”，总磷、总氮及叶绿素 a 含量较高；随着降雨过程以及蓄水过程的结束，水质才有所好转。

2004 年 6 月上旬，对库区 12 条一级支流的 24 个监测断面进行了“水华”爆发敏感期预警监测，叶绿素 a、总磷、总氮、透明度、高锰酸盐指数等 5 项指标进行监测。结果表明，库区一级支流半数以上处于富营养状态。监测结果与同年春、夏季，发生“水华”的香溪河、大宁河、神女溪、抱龙河及坝前凤凰山库湾范围基本一致。

2005 年 3 ~ 5 月，连续对库区 13 条一级支流的水体进行的营养状态监测结果表明，26 个监测断面中 5 个处于富营养状态，中营养状态断面 15 个；贫营养断面 6 个。与 2004 年相比，支流水体的营养状态有较为明显的好转。由此可见，随着陆域污染防治力度的增大，淹没区营养物质释放达到平衡，回水敏感水域的营养物质富集状况是能够逐步改善的。

21. 三峡水库的主要污染源有哪些？

三峡水库的主要污染源有：库区内城市排放的生活污水和工业污废水、农田和城镇的地表径流、船舶污废水，以及由水库上游的干流和支流嘉陵江、乌江进入水库的污染负荷。

据 2004 年对库区主要污染源的调查，库区 26 个区（县）直排长江、嘉陵江和乌江（合称“三江”）的城市污水 5 亿 t，主要污染物为总磷、生化需氧量和化学需氧量，其等标污染负荷比分别为 47%、27% 和 16%；重庆市主城区、万州区和涪陵区为主要排污区域，等标污染负荷比分别为 72%、12% 和 4%。

51 家重点工业污染源排放工业废水 2.55 亿 t，各类污染物 2.6 万 t；其中化学需氧量 2.4 万 t，氨氮 1452t，氰化物 17t，为主要污染物，其等标污染负荷比分别为 61%、24% 和 8%；重庆市主城区、万州区、涪陵区和长寿区为主要排污区域，等标污染负荷比分别为 38%、23%、16% 和 11.7%。

库区生活垃圾产生量 200 万 t，填埋 153 万 t，排放量 47 万 t，主要集中在重庆市主城区。库区 19 个县、181 个乡镇化肥施用总量按纯量折算为 11 万 t，比上年增加 1.6%，每公顷化肥施用量为 562kg，比上年增加

6.6%；农药折纯使用量为650t，比上年增加0.7%，每公顷农药使用量为3.3kg，比上年增加5.5%；库区的化肥农药使用量都较高，且有上升趋势。

库区2003年的运营船舶1.1万艘，船舶油污水排放量42.12万t，含石油类污染物66t，约占沿岸城市工业废水排放量的2%。船舶生活污水主要是洗涤、餐饮生活污水及粪便等，生活垃圾年产生量约7000t，占沿岸城市垃圾排放量的2%左右。随着库区客、货运量的增加，船舶污染物直接排江对水质的影响不容忽视。

分析表明，库区内的主要污染负荷为：总磷、生化需氧量、总氮、化学需氧量等有机污染物，其累计等标污染负荷比达98%以上。库区内的主要污染源为农田径流，其等标污染负荷比为78%；其次为城市污水，其等标污染负荷比为19%，工业废水的等标污染负荷比相对较小。因此，农田面源将是今后库区污染防治的重点。

从库区内污染源的分布来看，重庆主城区是主要的排污区，其化学需氧量和生化需氧量指标，分别占库区总负荷的33%和30%。因此，重庆主城区的水污染防治是库区内水污染防治的重点。

进入三峡库区的污染源有很大一部分是来自长江、嘉陵江和乌江上游输入的污染负荷，包括上游区的污染贡献和天然背景。因此，“三江”上游区域的污染治理工作，应列为今后三峡水库水污染防治的重点。

22. 为控制库区点污染源采取了哪些措施？效果如何？

为了确保三峡水库水质安全和枢纽工程的正常运行，有效控制库区点污染源，国务院批准了《三峡库区及其上游水污染防治规划》，要求在工程蓄水前，完成蓄水位以下库底清理工作，完成库区污水处理厂和垃圾处理场建设，并保证投入运行。

在2003年蓄水至135m之前，关闭了库区所有规模以下的造纸、制革、农药、染料等污染严重的企业，关闭了小啤酒厂和小白酒厂，对小氮肥企业进行了技术改造，同时完成了库底清理。

按照《规划》要求，2005年以前，库区沿江城市应兴建污水处理厂25座，设计处理规模60万t/d，总投资为25亿元。这一任务已经完成。

2005年前，库区沿江城市兴建垃圾处理场21座，设计处理规模为7030t/d，总投资为26.4亿元。均建成并投入使用。

2005年对库区污水处理厂和垃圾处理场的调查表明，兴建的污水处理厂和垃圾处理场基本能正常运行，有效地减少了入库点源污染负荷，保护了水库水质。

23. 怎样控制库区的面源污染？

面源污染是指在较大范围内，溶解性或固体污染物在降雨径流的作用下，进入水体所造成的污染。三峡库区面污染源主要有：城镇地表径流，含大量化肥、农药的农田径流，农村生活废水、垃圾，禽畜养殖以及水土流失等。相对点源污染而言，面源污染种类繁多，量大面广，治理难度较大，是污染治理的难题。

据在长江三峡工程生态与环境监测系统中承担农业生态环境和农业

面源污染监测任务的湖北省农业生态环境保护站近10年对库区化肥、农药使用量的调查监测结果，库区化肥的施用量逐年增加，有的地方单位面积的施肥量超过全国平均水平一倍以上；农药的使用量虽呈下降趋势，但化学除草剂的用量却在不断增加，高毒有机磷农药使用量仍占一半以上。这说明，库区农业面源污染有加重的趋势。

积极发展生态农业，是解决农业面源污染的有效途径。三峡库区结合农业产业结构调整和无公害农产品行动计划，共建立了9个高效生态农业示范区。在示范区内大力发展生态农业、有机农业，建立一批放心农产品生产示范基地，发展有机食品和绿色食品；同时启动了面源污染控制示范项目，推广成熟的面源污染防治技术和无公害农产品生产技术；通过改革耕作制度和改进灌溉方式，推广使用高效、低毒和低残留农药，推行平衡施肥和合理使用农药，鼓励农民充分利用有机肥，防止不合理使用化肥、农药、农膜和超标污灌带来的污染。几年来对生态示范区的监测表明，高效生态农业示范区建设取得了明显的经济、生态、社会效益，起到了用项目带动库区农业面源污染的监测与防治的显著成效。

为加大对乡镇企业污染、禽畜养殖和水产养殖污染的防治力度，目前已在库区启动畜禽养殖场沼气工程项目和户用沼气池建设工程，建设能源环境示范工程，在已搬迁的移民区兴建了数千座沼气池，已基本实现了生活无烟化；要求所有规模化的禽畜养殖场分期分批实现达标排放。库区从2003年开始，全面禁止生产和使用含磷洗涤剂。

为控制水土流失，减少入库泥沙

量，库区内25度以上的坡耕地正逐步实施退耕还林还草，建立岸边生态保护带，大坝库首已实现封山育林16万hm^2，造林15万hm^2，使水土流失重点区域得到强制性保护。

与此同时，有关部门正积极编制《三峡库区农业面源污染防治规划》，开展三峡库区及其上游面源污染现状及控制对策研究，对库区农业面源污染进行全面调查和监测，摸清面源污染物的产生量、排放量、入库量等污染底数，提出包括化肥、农药、禽畜养殖、养鱼及农业废物的污染贡献及相应的控制对策，指导库区农业面源污染控制。

24. 蓄水前为什么必须彻底清理库底？

由于水库蓄水前淹没线以下存在大量的生活、工业垃圾，建筑、构筑物，林木及需要卫生处理的一般和传染性污染源，如果不对其进行彻底的清理，水库蓄水后，受到水的浸泡，废物中的有害物质将释放进入水体，在蓄水初期形成巨大的污染“冲击波”。加之水库中水的流速减缓，水体自净能力下降，各种污染物在水库中的滞留时间延长，将对三峡水库的水质造成严重的不利影响。因此，在水库蓄水前，必须严格按照国家的有关规定，认真进行库底清理，经验收合格后水库才能蓄水。

25. 如何防治船舶造成的污染？

目前，三峡库区的运营船舶约有1万艘，年客流量约1500万人次，货运量3000余万t。随着库区船舶增多、货运量和客运量增多，船舶含油废水、生活污水及垃圾的产生量增加，船舶的日常排污及海损事故污染的风险将加大。对船舶主要污染源实施严格控制和管理，是确保三峡水库水质安全的重要环节。

近几年来，有关部门先后制定了《内河运输船舶标准化管理规定》、《关于加强长江三峡库区船舶防污染工作的通知》、《三峡库区船舶垃圾接收和转运管理规定》及 2006 年 1 月 1 日开始实施的《中华人民共和国防治船舶污染内河水域环境管理规定》，要求来往三峡库区的船舶，必须配备防污设备、器材并保持良好的技术状态，船员必须具有防污专业知识并持有效岗位适任证书上岗；严禁船舶直排污染物，总吨位 400t、核定载客 15 人及以上船舶必须备有《船舶垃圾管理计划》和《船舶垃圾记录簿》，配备垃圾储存容器，将垃圾收集交由有资质的单位接收处理；船舶禁止使用不可降解的一次性发泡塑料餐具，按规范设置污水处理装置或储存容器,不得向水中排放不符合排放标准的生活污水等。提高了在三峡库区航行、停泊、作业的各类船舶的污染防治标准，不达标者不准进入，违规者将受重罚。

同时，成立了三峡库区流动污染源监测网，对船舶油污水排放中的排放量、治理量、油水分离器的运行状况及污染事故进行监测。

迄今为止,库区有船舶垃圾接收单位 8 家,年均接收垃圾约 4000 余 t。船舶垃圾、残油收集船 10 余艘，年回收残油上千吨；采用登记防污文书的方式，基本上防止了城区江段大型船舶垃圾直接入江。重庆市拟投资 14.7 亿元建立船舶废弃物岸上接收体系，实现包括船舶改造、岸上接收设施和化学品船舶洗舱水、废水处理设施的建设等。

根据对船舶油污水监测结果估算，2004 年库区船舶油污水排放量为 53 万 t，其中 50 万 t 得到了处理，处理率为 95%。达标排放量为 45 万 t，达标排放率为 90%。油污水中石油类排放量为 44t，比上年减少 1/3。为搞好油码头船舶溢油应急处理，制定了溢油应急计划，已在库区布设围油栏 1200m，并计划逐步推广。库区船舶防污染存在的问题，如船舶夜间或在港口外偷排的监管，三峡库区内危险品年吞吐量将由 200 多万 t 发展到 500 万 t，防污染事故压力加大等，这些难点都在逐步得到解决。

26. 如何控制库区的“白色污染”？

三峡水库蓄水后，每年汛初和主汛期期间，受山洪、暴雨以及沿江工程建设的影响，被形象地称为“白色污染”的漂浮物，都会从长江上游顺流而下大量聚集在坝前，形成厚达数米的污染带，对电站发电和安全运行构成严重威胁，影响机组发电效益；漂浮物在回水湾的大量汇集，成为库区环境一大公害。这些飘浮几公里长的“白色污染”带，主要来自长江上游及三峡库区沿江城镇沿江堆放的垃圾，库底垃圾以及船舶生活垃圾，每年约有 8000~10000m^3。

据统计，三峡库区水域清漂实施两年多来，重庆市、湖北省及三峡工程开发总公司累计投入资金近 5000 万元，清理各类漂浮物 20 多万 t，确保了库区航道畅通和三峡枢纽工程安全运行。

治理长江漂浮物是一项系统工程,仅靠坝前打捞无法彻底解决问题。应该以预防为主，从源头抓起，最有效的方法是减少各类塑料包装物的使用，要加强宣传教育，提高全民的环保意识，自觉使用环保替代物。

三峡库区沿江城镇及库区上游沿江重要城市应严格垃圾管理，禁止在长江岸边设置垃圾和工业固体废物堆放场点，现有的岸边垃圾和工业固体废物堆放场点应限期进行治理。加快上游城镇垃圾处理设施建设，实行垃圾无害化处理。严格船舶垃圾管理，落实船舶垃圾管理责任制。船舶垃圾应全部上岸，禁止船舶垃圾入江。完善船舶垃圾收集、运输、处置系统。逐步根除库区周边地区的“白色污染源”。

建立专门机构和专门队伍负责清理坝区以及一些回水区的漂浮物，实施漂浮物打捞工程，定期打捞漂浮物。

开展回收利用，使“白色垃圾”资源化。2005 年，库区新建塑料包装公司投产，每月可利用“白色垃圾”200t，为库区“白色垃圾”处理开辟了一条新途径。

27. 为确保水库蓄水后库区饮用水源地安全采取了哪些措施?

三峡水库蓄水后，一些被作为饮用水源地的近岸水域和次级河流，由于流速变缓，近岸水域、支流、河汊和回水顶托区水质可能下降，造成对饮用水源地的安全隐患。

为确保蓄水后库区饮用水源地安全，三峡库区除着力实施《三峡库区及其上游水污染防治规划》，加大库区点源、面源、船舶污染防治和次级河流水污染综合整治工程外，新修订了《重庆市饮用水源污染防治办法》，于2004年3月1日颁布实施。《办法》要求按照相关规定，划定饮用水源地的保护区和准保护区，对保护区设置了15种禁止行为，如保护区内禁止新设排污口,已设置的排污口限期拆除或引至区外排放;限期清除保护区内堆存的固体废物；停止经营或迁移保护区内的水上经营性餐饮、娱乐设施和油库以及存放有毒有害物品的仓库、货栈；取缔保护区内网箱、网栏养鱼等，饮用水源地的水质状态明显改善。2005年重庆市饮用水源地水质达标率为96.7%,远远高于“十五”初期的水平。

2005年10月，重庆市又制定了《碧水行动实施方案》，依照该方案，重庆市将进一步开展饮用水源水质状况调查，取缔位置不合理、水质不达标的公共饮用水源地，在主城区饮用水源上游新建、扩建大型公共水厂，改造和完善现有给水管网系统，扩大大型公共水厂供水范围；强制关闭主城范围内供水水质不符合标准的企事业单位自备生活水厂和公共水厂，逐步关闭主城范围内其余企事业单位自备生活水厂；在其他区县和农村,完成7座大中型供水水库和长江两大提水工程、285个乡镇供水工程及保护区范围内污染源的清理整治。至2010年重庆市预估算投资265.89亿元，主城区饮用水源地水质100%达标，其他区县城区饮用水源地水质95%以上达标，农村集中式饮用水源地水质70%达标。

28. 三峡水库蓄水后水温会产生分层现象吗?

一般水库中，上层水温高，下层水温低，出现库水温度分层现象。对于三峡水库水温是否分层，采用过两种方法预测，一是“替换次数指标”α 和 β 法；二是密度佛汝德数（Fd）法。

用第一种方法预测，库水不会形成稳定的温度分层结构，但不排除出现弱分层现象。用第二种方法预测时，分两种情况考虑。一是将全库作为一个整体来计算，水库有弱分层倾向，但冬季气温通常低于水温，会限制水库分层的发展。二是将三峡水库分段计算。结果表明，只有在入库流量小于 6000m^3/s 的 4 月份，近坝段 10km 左右的区域会出现短时水温分层现象。其它时候不会发生明显分层。采用一维温度模型，根据典型年 1965 年（平水年）和 1966 年（枯水年）的资料对近坝段分层水体进行分析预测，结果表明，库内水温分层始于 4 月上旬，至 5 月下旬逐渐消失，上、下层水温差为 1.7 ~ 9.3℃。

简单地说，由于三峡水库为峡谷型水库，通过坝址的径流量很大，多年平均径流量达 4510 亿 m^3，而水库仅在汛末拦蓄 226 亿 m^3 水，因此水库蓄水至 175m 后，不会发生大范围的稳定水温分层，只是在坝前及部分支流河口等局部水域在 4、5 月份可能出现短时水温分层现象。这表明三峡库水不会因水温因素而影响其功能。

29. 受三峡水库淹没影响的珍稀、濒危植物有哪些？如何保护？

据调查统计，三峡水库蓄水后，直接受淹没影响的陆生植物物种有 120 科、358 属、560 种。这些植物物种绝大部分在淹没线以上有分布，因此，淹没不至于直接造成库区陆生植物物种的减少。但是，其中的疏花水柏枝、荷叶铁线蕨和川明参三种珍稀植物是必须重点保护的。

疏花水柏枝，是三峡峡谷地带特有植物，种源数量极少，分布狭窄，是我国的稀有种，已列入国家级保护对象，是三峡大坝建成后唯一一种原产地将全部被淹没的特有植物物种。

荷叶铁线蕨，是我国近年来在重庆市中部发现的珍稀草本植物，它既是我国二级保护植物，又是库区特产植物。仅断续分布在万州区至石柱县西沱区沿江 100km 长，纵深 3 ~ 5km 的狭长地带内，海拔高程 80 ~ 430m 之间，较为集中于海拔 170 ~ 250m，蓄水后仅部分受到淹没影响。

川明参，是我国仅有的特有植物，多年生草本，根为名贵药材。在四川温江、达县地区虽已大量栽培，但夷陵区莲沱是野生种原产地，分布在海拔高程 140m 上下的页岩风化石缝中，野生种已极稀少。该地区位于三峡水库下游，虽受淹没影响较小，但在修建公路或进行其他开发活动时有可能使稀少野生种遭到毁灭。

为保护这三种珍稀植物，1995 年启动了“三峡库区珍稀植物荷叶铁线蕨、疏花水柏枝和川明参引种栽培与回归大自然研究”的项目。首先将它们从三峡库区大量移种到植物园，进行人工环境迁地引种；为了保护物种的固有基因特征，引种成功后再将它们“移回”三峡库区原产

地重新“入土”繁衍。目前，这 3 种珍稀植物在秭归泗溪生态保护区珍稀植物繁育基地成功繁殖和栽培，长势良好。同时在库区原产地分别建立了 3 种植物的迁地保护点，实施保护工

程，这3种植物已经得到了有效保护。

为有效保护淹没线下的很多珍稀保护植物，就近将其“搬迁”移栽至库区大老岭保护区。有关部门已完成了《大老岭珍稀植物保护研究》项目，摸清了大老岭中的珍稀植物种类，并建立了大老岭珍稀植物名录及数据库。此外，三峡工程已经建立和计划建立兴山龙门河常绿阔叶林保护工程、巫山小三峡景观生态自然保护区工程、宜昌天宝山森林公园等多个陆生生物自然保护区。三峡濒危珍稀植物展示园也即将完工，届时，来自三峡库区的珍稀植物将“移民”到此安家落户，通过这个园区，人们可以更多地了解三峡的濒危珍稀植物，更好地研究保护对策。

毫不夸张地说，兴建三峡工程不仅没有影响水库淹没线以下的珍稀植物，反而促进了对整个三峡库区植物物种的发现和保护工作。

30. 为兴建三峡工程，采取了哪些保护长江珍稀水生生物的措施？

按照《长江三峡水利枢纽环境保护补偿项目实施计划》要求，三峡工程采取了建立珍稀水生生物监测站网、建立自然保护区和保护工程、人工繁殖放流和加强库区生物管理等方面的措施，加强对长江珍稀水生动物和鱼类的保护，并取得了初步成效。

中科院武汉水生生物研究所承担珍稀水生动物流动监测站工作，通过对长江上游的特有鱼类、珍稀鱼类、珍稀水生哺乳类连续多年的观测，获得这些种类分布、栖息生境、群体数量及其变化趋势的资料，为珍稀水生生物种质资源保护提供了依据。渔业资源与环境监测站对经济鱼类的繁殖、种群数量的变化以及污染事件对鱼类影响进行监测；特有鱼类试验站通过对特有鱼类的驯养和人工繁殖以培养仔鱼和幼鱼，为特有鱼类的种质资源保护提供技术支撑。通过这些站网的监测和试验工作，及时掌握三峡工程施工和运营期鱼类及珍稀水生动物数量变化的过程和规律，为采取有效的保护对策提供了依据。

建立自然保护区是保护水生生物多样性最有效的措施，配合三峡工程建设，国家已建立了5个长江自然/半自然保护区，包括长江上游珍稀特有鱼类保护区、长江葛洲坝下游江段珍稀鱼类自然保护区、长江新螺江段白鳍豚自然保护区、长江口中华鲟和白鲟幼鱼自然保护区以及长江天鹅洲半自然保护区，以保护珍稀水生生物栖息地。在长江上游选择1~2条支流保护起来，不开发利用，实现长江干流梯级开发和上游特有鱼类保护的协调。由于白鳍豚的数量已十分稀少，濒临灭绝，保护工作以迁地保护为主，为此，组织开展了捕豚工作，准备将它们迁移到适宜于其生境条件的保护区或科研单位进行保护。

通过多年研究，中华鲟、达氏鲟和胭脂鱼的人工繁殖放流技术已比较完善。特别是中华鲟的人工繁殖放流，作为葛洲坝修建后增殖中华鲟资源的主要手段之一，自1984年至今，已在长江放流人工繁殖中华鲟幼鲟约500万尾，据采用标记放流方法采样统计，成活率约为1%左右。

近几年，科研人员还发现中华鲟产卵密集在葛洲坝大坝泄洪闸区、宜昌江心区、长江左岸深槽区内，这表明，中华鲟已适应了环境，并找到了新的自然繁殖场所。

三峡库区经济相对落后，电鱼、毒鱼、炸鱼和密眼网具大量捕捞珍稀鱼类幼鱼的行为依然存在，对珍稀鱼类资源的破坏较大。长江珍稀鱼类在我国占有十分重要的地位，但与海洋渔业相比，管理上存在明显的差距。为提高库区群众保护生态环境和生物多样性的自觉性，三峡工程建立了良好的机制，在移民搬迁和城镇建设过程中，加强宣传教育，动员库区群众积极参与珍稀鱼类保护和管理工作。

31. 三峡建坝是否会加重中游平原湖区土壤潜育化?

长江中游流经江汉——洞庭湖平原和鄱阳湖平原。平原湖区由于湿润多雨，地下水位过高，排水不良，土壤中形成一层通透性很差的青灰色土层，称潜育层。经过长期的耕作，开沟挖渠排水，一些沼泽土和潜育土被改造成了水稻土。但如果耕作不当或其他原因使地下水位上升，原来已经脱潜的水稻土会退化为潜育型水稻土，而原来潜育化土壤的潜育化程度则会更加严重。一般来说，当地下水位埋深大于 0.8~1.0m 时，发生脱潜育化；反之，将使水稻土向潜育水稻土和沼泽土演变。三峡水库运用后，会增加下游枯水季流量。这是否会引起长江中游两岸平原湖区农田地下水位升高，排渍受阻，从而加重土壤潜育化呢?

江汉平原的四湖地区是长江出三峡后的第一个较大的平原湖区，有名的“水袋子”，经过多年的水利建设，目前已形成由堤防、排水渠系、泵站、排灌涵闸、两个调蓄湖泊（长湖和洪湖）组成的完整防排体系。汛期内涝水通过电排站分区抽排，枯季田间渍水则由总干渠经该地区最低处新滩口排水闸排入长江，自排时间一般可以从汛末至次年 5 月下旬。

三峡水库运用后，经计算，1 ~ 4 月新滩口闸外的长江水位，不计“清水下泄、河床下切”的影响，将比建库前抬高 0.2 ~ 1.2m，为 15.5 ~ 20.5m。新滩口附近的最低地面高程为 21m，四湖地区农田地面高程为 23.5m 以上，洪湖 1 ~ 4 月的多年月平均水位为 23.38 ~ 23.77m。因此，不论是洪湖水还是农田渍水，都与建库前一样可以经新滩口闸自排入长江。5 月份以后，洪湖进入汛期调蓄阶段，在没有三峡水库的情况下，新滩口闸也已转入强排期，排与不排，排多排少，需视四湖地区的降雨情况决定。可见三峡水库不会影响该地区枯季排水。10月份水库蓄水，下泄流量比建坝前减少，长江水位较建坝前降低，无疑有利于该区汛后排涝排渍，提前降低湖、田水位和农田地下水位。如果考虑清水下泄、河床下切，地下水位随之下降的因素，则对四湖地区枯季自流排水明显有利。

三峡工程的泥沙研究

32. 进入三峡水库的泥沙有多少?

长江的泥沙测验开始于1923年，现在长江全流域共有329个水文站开展泥沙测验工作。宜昌水文站是干流上游与中游分界处的控制站。该站自1950年以来就有系列的泥沙测验资料。三峡工程位于宜昌上游约46km，这中间没有大的支流入汇，因此可以用宜昌水文站的测验资料来代表进入三峡水库的泥沙数量。统计宜昌水文站1950～1980年（葛洲坝工程修建前）的实测资料，其悬移质泥沙（即颗粒较小并悬浮在水体中一起运动的泥沙）的多年平均输沙量约为5.15亿t。由于长江泥沙的来量受上游暴雨区的影响很大，当暴雨区在地表土层极易冲刷的产沙区，或当年上游发生较大洪水时，当年长江干流的输沙量就明显增大，如1954年长江发生全流域大洪水，当年宜昌水文站的年输沙量达到7.54亿t。反之，当长江处于少水年或上游的暴雨没有发生在产沙区，该年宜昌水文站的年输沙量明显减少，如1953年、1972年宜昌水文站的年输沙量仅为3.86亿t。这个现象反映了水文气象的随机性，不能以某一年或某几年的输沙量来判断其增减的数量和趋势。对于在河床表面上运动的推移质泥沙（包括大于1mm的粗沙、卵石、砾石），在葛洲坝水利枢纽修建前宜昌水文站实际测量的多年平均输移量约为64万t。

33. 三峡水库为什么不会被泥沙“淤死”？

自从黄河三门峡水库建成后不久便被泥沙“淤死”以来，水库淤积问题引起广泛关注。对于三峡水库，人们自然很关心也很担心它会不会被“淤死”？我们的回答是：决不会。

一般水库蓄水后，由于水库的过水断面面积（水面宽度和水深）要比修建水库前河道的过水断面大得多，因此进入水库的水流流速就迅速减小，甚至接近于静止状态。被水流挟带和推动的泥沙由于失去了悬浮或推移的动力，就会在重力的作用下向水底沉积。泥沙在水库中的沉积不是水平成层地向上沉积，而是粗沙首先在水库库尾（水库的上游端）沉积，然后大致按泥沙的颗粒从粗到细、自上游往下游呈倾斜层状（鱼鳞状）逐步沉积。不断淤高，同时不断地向坝前推进，水库的库容也就逐渐减少。如果不采取适当的措施，水库泥沙淤积不断积累，直到水库库容全部消失，形成一个相对平衡的新的河道，这时水库的功能全部丧失，我们称这个水库被淤死。

在三峡工程设计的过程中，我们集中了国内绝大部分河流泥沙专家，用了近 40 年的时间，采用原型观测、野外调查、分析计算、实体模型试验等手段来研究三峡水库淤积的规律和防治水库被淤死的各种有效措施，得到以下认识。

第一，由于三峡水库是“河道型”水库（狭长型），水面宽度最宽处只比天然河道增加约一倍，这对排沙有利。为了防洪要求，三峡水库在汛期限制在较低水位 145m（正常高水位为 175m）运行。在这一水位以下设有大量泄洪深孔。这又有利于排沙。长江的水文特点，是汛期多沙而且多水，流量大，这也有利于排沙。

第二，在水库的运行调度上可以采取“蓄清排浑”的方式，尽量减少泥沙在水库内的淤积。

第三，在长江上游开展了水土保持和植树造林工程已有20年了。尽可能减少进入长江干支流的各类泥沙。

通过上述措施，经过数学模型和实体模型的分析验证，在现状条件下（即不考虑上游干支流修建水库和水土保持的拦沙效果）三峡水库正常运行100年后，防洪库容仍可保留86%~91%，兴利调节库容仍可保留92%~96%。这时三峡水库已处于淤积动态平衡的状态，不会再发生积累性淤积。随着上游干支流修建水库和水土保持工程拦沙效果的发挥，三峡水库的淤积平衡时间会远大于100年。水库不会淤死，可以长期使用下去。

34. “蓄清排浑”是怎么回事？

长江上游河道的泥沙输移主要集中在每年5~10月（汛期），三峡水库库尾处的寸滩水文站多年实测资料表明，每年进入三峡的泥沙98%集中在汛期，而7~9月又达到全年输沙量的78%。在葛洲坝水利枢纽兴建前，宜昌水文站的多年实测资料显示，泥沙通过三峡后出西陵峡，其全年泥沙输移量的96%也集中在汛期，7~9月也占全年输沙量的76%。

根据上述特点，在设计三峡工程和水库长期使用的运行方式上采取汛期基本满足防洪、发电的情况下，尽可能降低水库水位，以尽量接近河道泥沙输沙的条件下运用，使进入三峡水库的泥沙尽量多地通过在大坝中设置的泄洪排沙建筑物将泥沙排出水库，这就是“排浑”。将三峡水库的蓄水安排在每年10月前后（枯水年份可能延长到11月），这时水流中的含沙量已比汛初（5~6月）和汛中（7~8月）大大降低了。根据已有实测资料，整个10月的多年平均输沙量仅为全年输沙量的6%~7%，这就是“蓄清”。11月~次年4月的多年平均输沙量仅为全年输沙量的2.5%~4%。我们把三峡水库这种运行方式称为“蓄清排浑”。

当然这种水库运行方式仍将有相当一部分泥沙落淤在水库内，但是会把三峡水库的死库容淤满，不影响水库长期使用下去。

这种水库运用方式在三峡之所以有效，主要是因为三峡水库是“河道型”。而在“大肚子”型水库，如三门峡水库，就达不到这样的效果。

35. 三峡水库建成后，重庆港会被淤塞、碍航吗？

重庆市区内的河段处于三峡水库回水变动区的末端，水库蓄水后水位壅高，河道流速比天然情况下明显降低，水流挟带的泥沙必然会落淤。通过长期的实体模型试验研究发现：在不考虑上游兴建水库和水土保持拦沙效果的情况下，按照目前的设计运行条件，除支流嘉陵江口的深槽随着不同年份上游来沙的情况将不可避免地发生程度不同的淤积外，干流河段深槽内基本没有累积性淤积。局部凸岸边滩、回水沱（回流深潭）、展宽段岸线的凹陷一侧、江心洲尾部和分汊段的支汊内是泥沙的集中淤积区。每年汛后（11~12 月）和汛前（1~4 月）的 5~6 个月里，由于水库在高水位运行，重庆河段的航道水深和港口码头船舶停靠条件比建库前明显改善，每年汛期 7~9 月河段基本处于自然敞泄状态，航行条件均接近天然情况。由于三峡水库蓄水时间安排在每年 10 月，因此使自然情况下大量“走沙”（冲刷泥沙）的时期推迟到次年水库水位消落末期（5 月），在水库正常运行 20 年后，有可能在走沙前（4~5 月）在码头的前沿有边滩淤积发生，对船舶的停靠有一定的影响。另外在 5~6 月期间若遭遇到特大丰沙年或枯水年等不利水文年情况下，当上游来的流量仅为 3000~3500m^3/s，而三峡坝前水位又控制在防洪限制水位 145m 运行时，朝天门的 5~7 号码头区的泥沙淤积将会对船舶停靠有一定的影响。重庆港以上的九龙坡码头作业区由于处在弯道凸岸的下端，且河宽突然增大，河道中心又有一系列滩地和江心洲，受水库壅水的影响，在汛期将会有大量泥沙在作业区淤积，在码头前沿逐渐形成新的边滩，滩体随水库运行年限的增长而扩大升高，而使主航道位移，到每年汛前的5~6月码头前沿水深就可能不足，给航道和港区的航行、作业带来困难。以上这些问题在实体模型上反映出来后，进行了大量的整治方案的试验研究工作，证明通过实施本河段的枯水位束水整治工程，可以圆满地解决。由于重庆河段泥沙淤积带来问题的发生，要在三峡水库运行几十年，甚至百年以后才可能发生，因此，其河段的整治时机要等到泥沙淤积发展到一定程度后才能进行。

36. 三峡水库运行后，“清水下泄”对长江中下游河道有何影响？

根据三峡水库泥沙淤积及排沙的数学模型分析成果，水库运行最初10年，只有30%~40%的上游来沙可以排出水库。随着水库运行年限的增加，其排沙比逐渐加大，到水库达到淤积平衡时，水库下泄的泥沙也就恢复到与天然情况下相同。在这个过程中，我们将水库下泄水流比天然情况下含沙量要小的状况称为“清水下泄”。

众所周知，流水有一定的挟沙能力。如果挟沙少不饱和，它会冲刷河床。三峡水库下泄的“清水”，由于其挟沙能力很富裕，因此，对下游河床上的泥沙有一定的冲刷作用。在一般的情况下较小颗粒的泥沙容易被冲动、浮起，由水流带向下游，而较粗的泥沙、砾石、卵石等可能被冲动、以滚动、跳动等方式向下游推移。十分明显，在一定的水流条件下，河床表面各种粒径的泥沙都受水流的作用，当达到它的运动条件时，河床表面的泥沙即发生运动，当上游来的并沉积下来的泥沙数量少于本地被冲起、带走的泥沙数量时，就发生河床的冲刷。冲刷的结果可能造成河床及水位的降低或两岸岸坡的不稳定，对两岸堤防和建筑物的安全以及船舶航行带来不利影响。对于这个问题，已引起专家们的重视，继续加强观测和研究。

葛洲坝枢纽下游到枝江60余km的长江干流，其河床底部主要由卵石、砾石组成，两岸均为高度不大的丘陵。葛洲坝水库蓄水初期和三峡工程围堰挡水以来，这一段河床已发生了冲刷，根据这几年的实际河道测量，这一段河道目前似已达到了动态平衡，不大可能再发生明显的冲刷。从枝江再往下游，长江就进入了广大的江汉冲积平原的冲积扇区，荆江河段沉积层厚度达到130多m，厚度自西向东由薄趋厚，下部主要是卵石夹粗沙，浅部以砾石和细沙为主，上部以细沙和粉细沙为主，给“清水”水流的冲刷提供了条件。国内大部分泥沙专家的研究结果表明，荆江河段的河床在三峡运行的初期，自上而下将有一定程度的冲刷。由于目前荆江河道两岸受水流顶冲的地段，经过几十年来的护岸治理，河道横向的约束力比较强，因此这一段的河道主要是向冲深的方向发展。上荆江可能达到动态平衡的平均冲刷深度大致在3m左右，下荆江可能达到动态平衡的平均冲刷深度大致在5m左右。在三峡大坝上游保持现状，即不考虑正在建设或今后将建设的可能拦截泥沙的工程情况下，上文已说明，三峡水库运行80年至100年基本达到动态平衡，“清水下泄”现象将停止。在这一过程中应加强对河道的变化趋势进行严密的监测，随时掌握其动向，及时加固可能出现的险工险段以保证两岸堤防、城镇、码头的安全。

洞庭湖口城陵矶以下河段，已经不受“清水冲刷”的影响，河床的变化幅度已在目前河道年内冲淤幅度范围以内了。

37. 三峡水库运行后会影响到长江口吗?

有人担心，由于三峡水库减少了上游泥沙下泄，会减少长江口地区泥沙落淤数量，延缓滩地淤涨速率。目前长江河口地区的河槽与滩地的淤积主要来自干流所挟带的泥沙和外海洋随海流带来的漂沙，这两种泥沙的颗粒都非常细，其平均粒径一般均小于0.005mm。三峡水库运行开始的最初10年排出泥沙的比例为30%~40%，排往下游的泥沙的平均粒径将大于 0.005mm，且随着水库运行时间的增长，从水库排出的泥沙比例愈来愈大，泥沙的粒径也愈来愈粗。从输沙量的方面看，根据已运行近 40 年的汉江丹江口水库实测资料分析，“清水下泄”造成坝下游的冲刷，河道的输沙量每公里约增加 7% 左右。以此计算，三峡水库下游输沙量的增长，在 820km 左右距离内可恢复到河道原状。长江中游河道内的洲、滩众多，河床供给泥沙的条件要比丹江口水库以下的汉江河道要好。三峡水库下游河道输沙量的恢复距离要比上述计算值还短一些。长江口距三峡坝址有 1800 余 km，不会对河口地区泥沙落淤数量和滩地淤涨速率造成影响。

三峡大坝的防护

38. 常规的空炸会危及大坝安全吗?

三峡大坝一旦被毁坏，浩瀚的库水突然下泄，将会给下游造成严重水灾。防空炸安全是三峡工程研究过程中的重大问题之一，党中央、国务院历来十分重视。早在 1958 年 10 月，根据周恩来总理批示，就将三峡防护问题研究列为国家重大科研项目。该项研究工作历时 30 余年，其成果为三峡工程的决策兴建提供了重要依据，同时也为我们认识常规武器与（热）核武器对水坝工程的破坏作用机理以及水工建筑物抗爆炸能力，积累了丰富的试验成果和技术资料。

三峡大坝坝身是体积庞大的混凝土结构，较之一般工业与民用建筑物的体积要大得多。一般来说，水坝工程的抗爆炸能力与地下工程、重点防护工程相当，比通常所见的地面建筑物的抗爆炸能力要大得多。

根据我们的研究结果，参考过去曾经发生过的用常规炸弹轰炸大坝的事件，可以断言，无论靠运载工具投掷的还是通过恐怖手段实施的，常规武器的攻击，即使是口径最大的常规炸弹，也只可能造成大坝局部损坏或毁坏其某些辅助设施，难以对工程造成致命的威胁。利用常规爆炸破坏整个三峡大坝几乎是不可能的。

39. 三峡大坝遭到核弹攻击可能造成怎样的危害?

从最坏的情况考虑，核弹攻击直接命中大坝，最可怕的结果是大坝溃口，库水突然下泄，在其下游会不会造成重大洪水灾害?

针对这个问题，我们进行了溃坝洪水模型研究。模型范围，上起奉节，下至沙市以下 6km。通过模型试验，我们对溃坝洪水的形成过程和后果有了直观认识，在此基础上进行了分析评估。

不像人们所想像的，三峡大坝“瞬间”溃决，水库中上百万立方米的水顷刻之间就会冲到下游。三峡水库是河道型水库，长约600km，平均宽1100m，其下段为峡谷河段，约长160km，宽仅几百米。坝址下游长约40km河段，亦为三峡峡谷河段，且多急弯。尤其是紧接坝址下游的莲沱至南津关段20km峡谷，江面宽仅200 ~ 300m，故溃坝后库水下泄多受河谷的滞洪影响；对溃坝洪水演进起很大的约束作用。无论溃坝缺口多大，即使是大坝受大当量核弹攻击而瞬时全溃，在南津关测得的最高水位都基本相同，洪峰流量较坝址处有较大幅度降低。

溃坝洪水出南津关后，流经60km丘陵河谷地带至枝城，水势进一步减弱，洪峰继续降低。过枝城后，进入中游冲积平原，溃坝洪水超出河床泄洪能力的超额洪水将漫溃江堤进入上、下百里州、松滋河两岸围垸及荆江分洪区。其后果相当于给我们带来一次常见的大洪水。由于溃坝洪水峰高、量小、历时短，经沿程河槽及分洪区的调蓄，演进至沙市及荆江大堤上段时，洪峰已大为削减，进入沙市以上分蓄洪区内的水量，比特大自然洪水的分洪量要小。历时近8年的大比尺溃坝洪水模型试验和理论分析证明，想象中的溃坝洪水将会冲垮荆江大堤、冲毁武汉市甚至会影响上海市的情况，是完全不会发生的。

40. 对三峡工程防护做过哪些研究？针对大坝的防空炸有哪些措施？

三峡工程防护研究可分为两个方面：一是积极防护，即由军方负责的军事防护；另一类是工程措施的防护研究。

工程防护研究分为两个阶段，首先利用核爆炸现场模型观测及水下化学爆炸等模拟手段摸清大坝受核弹袭击时承受的荷载与破坏特征，然后根据各种破坏情况，研究溃坝洪水对下游造成的影响，以及减轻下游灾害的措施。

为减轻溃坝洪水对下游的灾害，考虑临战前适当降低库水位，下游采取相应的分洪措施，研究了各处开闸、扒口的顺序和时机，从而可有效减小溃坝洪水下泄带来的影响，保障荆江大堤及沙市以下地区的安全。

适当降低库水位运行，不仅可减小水中核爆炸对大坝的破坏作用，而且可减小溃坝洪水的致害程度。在需要时可将库水位降至145 ~ 135m运行，即使大坝溃前沙市起始水位达44.5m，枝城流量为5.67万 m^3/s，溃坝洪水抵达沙市后最高水位仍不会超过防汛保证水位45m。溃坝洪水历时仅约为3天，荆江大堤及沙市以下安全有保障。三峡工程设计泄水能力很强，7天之内便可将库水位由正常高水位175m降至汛限水位145m，完全可以满足预警放水的时限要求。

三峡工程防护研究是在特定的国际环境和政治气候下进行的，问题的提出有其确凿的渊源和背景。对于生活在今天太平盛世下的人们，也许已感觉久远而陌生，然而在成就三峡工程这一千秋伟业的历史篇章中，工程防护问题研究是不可或缺的一页，即便在当前仍不失其一定的现实意义。

三峡工程通航建筑物

41. 三峡船闸规模是怎么确定的？为什么要同时修建两线船闸？

船闸规模主要包括船闸的级别、设计船舶的吨位，具体体现在船闸闸室可供过闸船舶使用的有效空间，即通常所谓的闸室有效尺寸——室的有效长度、有效宽度和最小水深。在客、货运量特别大的枢纽，船闸的规模还包括工程一次需要修建船闸的线数。

长江航道的等级为 1 级，三峡船闸通过最大设计船舶为 3000t 驳船组成的万吨级船队，船闸工程的级别为 1 级，船闸的通过能力必须满足设计水平年过坝运量的要求和按照船闸总体设计规范 JTJ305 – 2001 规定：客货运量大，船舶过闸繁忙的连续多级船闸，应设置双线或多线的要求，决定三峡工程一次性修建两线闸室有效尺寸为 280m × 34m × 5m 的大型船闸。

三峡船闸下游的葛洲坝工程规划运量与三峡工程相同，一次修建了 #1、#2 两线单级船闸。三峡工程采用五级连续布置的方式，一次修建南、北两线船闸后，采用一线上行一线下行的方式过船，上、下行日过闸次数和船闸的通过能力，就可与葛洲坝的两线大型船闸相当，才能同样满足规划水平年运量的要求。

42. 三峡工程有了双线五级船闸为什么还要修建一线垂直升船机？

通过三峡坝址的运量，有客运和货运两类。三峡工程采用连续布置多级船闸的特点之一，是在满足规划运量要求的同时，船舶在上、下游之间过坝的过程较长，在修建双线多级船闸，解决大宗货物的运输，发挥水运运价优势的同时，为满足客运和一些特种船舶快速过坝的需要，需另外修建一座与下游葛洲坝工程的 #3 船闸的尺寸和过坝能力相当的单线一级垂直升船机，作为客轮和其他特种专业船舶快速过坝的通道。同时将小尺寸、小载量船舶从通过船闸的队伍中分离出来以后，还有利于提高双线五级船闸通过货船的能力，使三峡工程的通航效益得到更好发挥。

43. 三峡通航建筑物的设计水平年是哪一年？相应的规划运量是多少？

通航建筑物设计水平年及其规划运量，是确定建筑物规模的重要依据。理论上一条河道的运量是随着经济发展不断变化发展的。船闸规模只能针对某一个确定年份——设计水平年，及其预测的规划运量，作为设计的依据，确定通航建筑物的尺度和线数。根据河道不同的条件，有关规范对设计水平的长短有不同的规定。经论证和审查确定，三峡通航建筑物的设计水平年为2030年。三峡船闸的规划运量，采用通常惯用的、可与船闸的单向通过能力直接进行比较的，在上、下水两个方向中，运量较多一个方向——下水的运量来表示。按照沿江国民经济和长江运量发展的趋势，不考虑在此年限之前，沿江兴建公路和铁路等因素，推算至2030年三峡单向下水货运的货运量为5000万t，客运量为390万人次。

44. 三峡船闸为什么要分成5级？船闸的输水系统有哪些技术特点？

三峡船闸113m的总设计水头，远远大于目前世界各国已建大型单级船闸输水水头不到40m的水平。如何在规定的时间之内，完成特高水头大型船闸的输水，防止输水系统发生气蚀和声振，保证闸室办水面升降的平稳，实现船闸快速、安全、平稳输水，是三峡船闸关键技术问题之一。

三峡船闸特高船闸输水系统有以下主要特点：

（1）将船闸的总设计水头等分为5级、各级船闸连续布置，使船闸级与级之间的输水水头下降为45.2m。输水系统采用了能充分适应三峡工程分期蓄水运行的水位条件，能适应船闸不同级数运行、仅在少数运行水位时第二或第三级闸室需要补水、船闸全年不需要溢水的基本不补、不溢的水级划分方式；闸室补水可直接通过操控输水廊道的阀门进行，不必另设补水设施，系统操作使用方便，工程节省。

（2）系统的防空蚀技术先进，三峡船闸输水系统采用了自创的将主廊道与主体结构分开的高空化数布置为主，配合其他先进的防空蚀技术，设备运行设有故障报警和故障闭锁装置。

（3）系统的输水效率高，闸室停泊条件好。运行检验表明：系统获得了很高的输水效率。在最高输水水头45.2m情况下，一次充、泄的最大水量为23.7万m^3，闸室的输水时间仅约11min，闸室的水面升降平稳，船舶的停泊很好，系统的各种技术指标明显优于世界已建船闸的水平。

45. 船舶通过三峡双线连续五级船闸采用何种过闸方式?

三峡双线连续五级船闸的过闸方式，与通常的单级船闸不同，单级船闸通常采用船舶迎向运行的过闸方式，船闸进行一次充、泄水，可上行和下行船舶各一次，船闸的耗水量和过闸时间最为经济。双线船闸如同样采用这种上、下游船舶交叉过闸的方式，船舶沿一个方向需连续通过 5 个闸室，在此期间，另一个方向不能过船，船闸过船间隔的时间很长，不能有效地发挥船闸的过船效率。因此，三峡双线五级船闸在一般情况下，不采用每线船闸各自迎向运行的方式，而是各自采用单向过闸的方式，一线船闸上行，另一线船闸下行，船队顺一个方向连续过闸。采用这种过闸方式，一线船闸最多时可同时有 3 个闸室同时过船，船闸的过船间隔时间，与单级船闸相近。在上、下游某一个方向集中来船，另一个方向没有来船的情况下，两线船闸也可在某个时段内，采用统一按集中来船的一个方向过闸的方式，以提高过闸效率；在一线船闸检修时，另一线维持过坝运行的船闸，通常采用所谓单向过闸、定时换向的过闸方式。即船闸沿一个方向过船一段时间后，再换一个方向过船的方式，以便减少由于船闸换向消耗的时间，提高船舶过闸的效率。

46. 三峡船闸设计规定的船型有哪几种? 目前过闸船型与设计的要求能相匹配吗?

三峡船闸审定至 2030 年的主导船舶是由 1000 ~ 3000t 驳船组成的 9000 ~ 13500t 长航万吨级船队和由 500t 以下驳船组成的 3000t 级以下的地方船队，其中万吨级船队的比例占 80%，地方中小型船队的比例占 20%。但在葛洲坝工程建成和三峡工程的二期工程建设期间，随着长江上游通航条件的改善，个体船舶得到了较快的发展。在2003年6月三峡工程蓄水通航之前,在工程规划设计过程中要求船舶逐步实现规范化、标准化、大型化的目标，未能得到很好落实，基本上没有迎接工程蓄水后，新的通航条件和运输形势到来的相应准备。所以在船闸投运初期，通过船闸船舶的型号较杂、吨位较小。长江上游运输出现了以中、小型船舶为主，大型船舶占有率很低，现代化大型船闸与过闸船舶之间严重不相匹配的局面。由于中、小船舶过闸时艘数多、航速不一、分散进出闸，船舶过闸的间隔时间较长，船闸的日过闸次数较少，闸次的载量小。另外，船闸在试航期间，船闸的营运管理需要逐步适应，船闸需要短期停航检查和进行必要的调试等，影响了船闸在运行初期的通过能力。2006年以来，随着船闸逐步转入正常运行，上述问题逐步得到解决或改善，特别是交通部门开始推行逐年提高过坝船舶吨位的准入制度，船舶过闸的情况明显好转。在船舶的大型化方面，据了解，重庆地区已开始建造3000 ~ 7000t的大型船舶，随着船舶大型化工作的进展，船闸管理水平的不断提高，船闸的实际通过能力将更好地与过坝运量的增长需要相协调。

47. 三峡船闸设计日过船次数是多少？目前的过闸次数是多少？什么原因？

按照原来规划的船型、船队和过闸方式，三峡船闸主要采用大、中型船舶编队过闸，设计每线船闸的日过闸次数为22次。在试运行的初期，每线船闸的过闸次数仅为7 ~ 8次。随着对过闸过程的不断熟练，目前每线船闸的平均过闸次数已达到15 ~ 17次，最高为20次左右。影响三峡船闸日过闸次数的因素，首先是船闸为过闸船舶提供的各种技术指标和辅助设施，是否适应船舶顺利过闸的要求，包括船闸的充泄水时间、闸门的开关时间、进出船闸的通航尺度、闸前的停靠导航设施和闸室内的系泊设施；其次是过闸船舶的组成，包括船舶的航行和操纵性能、船舶的过闸方式是否是编队过闸；最后是船闸运行管理工作的科学化、规范化程度。目前，船闸本身的各项运行指标，基本上已经达到设计规定的要求，过闸的管理工作，正在逐步走上正规，并不是主要原因。过船闸次少的主要原因，还是船型杂、进出的船舶艘数多且分散，船舶进闸和出闸耗时太多，导致了过闸间隔时间的延长和过闸次数的减少。

48. 怎样看待目前船闸的过闸次数与船闸通过能力之间的关系？

船舶日过闸次数的多少，是影响船闸通过能力的一个重要因素。但通过对目前运行情况进行分析，对应于目前过闸船舶组成的状况，要在已经达到的过闸次数基础上，进一步增加过闸次数已不是重点，提高通过能力的当务之急，主要是加快船舶大型化的进程，通过加大过闸船舶的吨位，改变目前闸次船舶的过闸载量，只接近闸室允许载量一半的情况，提高船闸的通过能力。

49. 影响船闸通过能力发挥的主要因素有哪些？针对三峡船闸试航初期过船的情况，如何看待船闸的通过能力？

船闸在一年内能通过客、货运量能力的大小，通常同样以一个方向上的通过能力来表示。经采用一般常用的方法计算，三峡双线五级船闸的单向通过能力可达5152万t。很显然，船闸上、下行两个方向总的通过能力，可以达到一亿t以上。

制约船闸通过能力的因素，主要有以下3个方面：首先是船闸的规模和建筑物及设备、设施的布置是否合理；其次是过闸船型与船闸的规模和通航条件是否配套；第三是过闸管理工作的合理性和熟练程度。目前，在这3个方面，双线五级船闸，已经按照规划设计的要求基本建成；船闸的运行管理工作，也已逐步走上正规；突出的问题是在三峡工程建成后，在长江上游的通航条件获得大大改善的同时，过闸船舶的条件未能相应地跟上。

在三峡船闸投运初期，如何看待三峡船闸规模和通过能力的问题，有一些不同的说法。在船闸试航过程中，面对长江过坝运量增长较快的势头，曾出现几次船闸过船不畅的情况，有人提出了三峡船闸的规模定小了的问题，有的甚至误把2004年上、下水过坝的总运量4300万t，与船闸的单向通过能力5000万t进行比较，认为三峡船闸规模连目前的过闸运量都满足不了，怎么想象能满足2030年的规划运量？这些问题的提出，一方面是不了解长江过坝运量一时较大，只是上游通航条件改善后出现的一种暂时现象，不是长江上游运量发展的总趋势。据统计，继2003年至2004年过坝货运量出现较快增长以后，2005年的过坝运量与2004年基本持平，并没有出现持续大幅度增长的情况。另一方面是混淆了影响船闸通过能力3个影射因素之间的关系，对目前船闸通过能力不能正常发挥的真正原因缺乏了解。对目前船舶过闸情况进行简单分析，不难了解原因的所在。船闸本身除了船闸在试航期间，按计划对一线船闸进行抽干检查，船闸另有一线维持通航的原因之外，在双线船闸通航的情况下，过船不畅的主要原因是船舶的过闸次数少了，每闸次的载量小了。在当时，船舶的过闸次数，还不能达到设计过闸次数的一半，可以通过 1.2 万 t 船队的闸室，平均的过闸吨位还不足 4000t。

如再深层次地进行分析，在上述 3 个基本因素之间，船闸的规模和布置，是保证船闸设计通过能力的“必要条件”，没有合理的船闸规模和布置，船闸就无法达到规划运量所需要的通过能力。但船闸设计规模的正常发挥，达到乃至超过设计的通过能力，还必须有其他两个因素的配合。过闸船舶和过闸管理工作的协调配合，过闸船舶的载重量和性能，直接关系到船舶的过闸次数和每闸次通过货物的载量。这是实现船闸设计通过能力的两个“充分条件”。如只向船闸的规模和布置这两个“必要条件”要船闸的通过能力，忽略十分重要的“充分条件”的配合一致，在目前船舶条件尚未配套情况下，对在闸前出现船舶待闸的暂时现象，得出船闸设计规模小了的结论，只能是一种误解。因此，对于三峡船闸而言，在船闸已经具备了足够的规模的情况下，随着运量的发展，正常、充分地发挥船闸通过能力的关键，在于按原有规划、抓好对过闸船舶的大型化和标准化改造，并继续优化船舶过闸的管理工作。

50. 船舶通过三峡船闸需要多长时间?

船舶通过船闸的时间，通常可以用船舶通过船闸的间隔时间，船舶通过主体建筑物的时间和船舶通过三峡船闸整个航线的时间 3 个指标来表示。其中，过船闸次之间的间隔时间，是关系船闸通过能力大小的一个重要因素，主要取决于同一个闸次的船舶，从进入一个闸室到出闸至下一个闸次船舶进闸之前的时间，具体包括船舶进出闸的航行时间、闸阀门启闭时间和闸室的充泄水时间。船舶进出闸室的时间，决定于过闸船舶的类型、航行性能和过闸方式，这是目前过闸间隔时间偏长的主要原因，闸阀门启闭时间和闸室的充泄水时间，目前都已达到设计指标，特别是闸室充泄水时间，由于采用了行进的输水系统，23.7 万 m^3 水体在 11 分钟左右时间，即可安全、平稳地完成输水。三峡船闸设计过船间隔为 60min。但目前实际的过闸间隔时间，一般需要的时间在 80min 以上，为设计指标的 1.33 倍，有待于随着船舶组成的优化，进一步缩短。三峡船闸设计船舶通过主体建筑物和船舶通过三峡船闸整个航线这 2 个时间，只表示船舶过坝消耗时间的长短，与船闸通过能力的大小关系不大，分别为 2.4 和 3.1 小时，目前实际的时间分别为 3.2 和 4.0 小时，这 2 个时间同样偏长，但由于建坝后上、下游航道通航条件的改善，航行时间的缩短，对整个航程航行时间的影响不大。

51. 三峡船闸与下游的葛洲坝船闸相比有哪些不同特点？

三峡船闸与下游的葛洲坝船闸，同为位于长江上大型水利枢纽的船闸，船闸的规模尺度、主要的技术参数和通过能力基本相同。但由于两个枢纽的自然条件差别很大，三峡船闸总体的技术条件较葛洲坝船闸复杂得多，与葛洲坝船闸相比，三峡船闸具有以下不同的特点：

（1）葛洲坝工程的设计水头约为三峡工程的 1/4，泥沙在水库中达到冲淤平衡的时间很短，保

持船闸的长期使用的主要技术措施是修筑上、下游隔流堤，在汛期减少引航道泥沙淤积的情况下，主要采用在汛末或汛后引水冲沙的措施。三峡工程为高水头水利枢纽，泥沙在水库中达到冲淤平衡的时间，要在几十年乃至上百年以后，且泥沙淤积的主要部位在引航道口门以外。因此，在工程中不宜简单地套用葛洲坝工程的经验（与枢纽同期修建规模较大的冲沙设施），而是在预建隔流堤拦沙和将施工期临时船闸改建为冲沙设施，在必要时进行松动和降低水位拉沙，对后期可能发生的泥沙碍航淤积问题，采用以高效挖泥船挖泥为主，并预留在必要时加建冲沙设施的位置，确保船闸长期运行的方案。

（2）葛洲坝船闸的设计水头27m，为高水头大型单级船闸。三峡船闸的设计水头113m，为超高水头船闸。针对解决船闸的输水问题，需要同时解决涉及船闸总体设计，包括协调船闸的总体布置、船闸的结构、船闸的工程量、造价和船闸的运行方式等一系列问题之间的关系。解决船闸输水问题本身的技术难度，远大于葛洲坝船闸。除需解决特大输水水头船闸输水廊道防空蚀和闸室快速、平稳输水等技术难题外，三峡船闸双线并列，船闸的上游进水口和下游泄水口的布置，需考虑两线船闸在充泄水与船舶运行之间相互干扰的问题。

（3）两处船闸主体建筑物的基础条件不同，船闸主体结构的形式不同。葛洲坝船闸的基础为砂、页岩，结构主要采用重力式，三峡工程的基础条件为完整性较好的花岗岩，船闸主体结构按与岩体联合受力设计，采用在深切岩槽中的薄衬砌式，结构在技术上的难度大大增加，但节省了大量岩石开挖和混凝土浇筑的工程量。

（4）葛洲坝工程按照一次建成一次蓄水的方针进行建设。三峡工程按“一级开发、一次建成、分期蓄水、连续移民”的方针进行建设。三峡工程的分期蓄水，形成了水库特大的水位变幅，三峡船闸第一级，采取了在过去船闸建设中没有过的分期完建以适应水库分期运行的方式。

（5）三峡船闸人字门的规模特大，闸门高度、重量和闸门的启门力，超过了一般船闸的水平，闸门结构的设计、底枢的润滑方式、闸门的启闭机等均不能采用葛洲坝船闸已有经验，分别采用了新理论、新材料和新设备。

（6）两处船闸的级数不同，三峡船闸与葛洲坝单级船闸不同，要求最多同时对船闸 3 个闸室进行运行监控，船闸开发采用了保证船闸在各种复杂的工况下正常、可靠、安全地运行的监控系统。

52. 三峡船闸与世界各国已建船闸相比，有哪些突出的技术难题？

三峡船闸是目前世界上工程规模最大，总设计水头、输水水头最高的船闸，与世界上已建同类工程相比，有以下突出的技术难题：

（1）船闸在复杂水沙条件下长期使用。长江汛期江水的含沙量较大，三峡工程坝址河道处在急弯河段，船闸在枢纽中的布置，如何满足船舶在水库泥沙达到冲淤平衡后，引航道的通航尺度和口门区水流条件的要求，是船闸总体设计的突出技术难题。

（2）特高水头船闸的输水问题。船闸总设计水头 113m，最大输水水头 45.2m，要求在 12 ~ 13min 时间内，将 23.7 万 m^3 的水体输入或泄出闸室，船闸最大输水流量为 $720m^3/s$，防止在阀门段廊道及阀门发生空蚀和声振、在闸室内水面平稳的技术难度远远大于已建船闸。

（3）在深切岩槽中修建薄衬砌式船闸结构。三峡船闸深切开挖岩坡高度大，船闸主要采用薄衬砌结构，需解决下部为直立开挖，总高度达 170m 高陡岩坡稳定和变形控制，船闸的闸首闸室与岩体联合工作，保证船闸结构的可靠受力等技术难题。

（4）大型人字门结构和启闭设备。三峡船闸人字闸门门面面积为 38.5m × 20.2m，单扇门重 850t，最大淹没水深 36m，门面水压力约 13 万 kN，启闭力 2700kN。闸门设计需解决合理的结构强度、刚度、结构运行的稳定性可靠性和闸门底枢润滑的可靠性，以及大跨度卧缸液压启闭机工作可靠性等技术难题。

（5）适应双线五级船闸复杂工况的运行监控。三峡船闸 24 扇人字门和 24 个反向弧形阀门，要求按双向、换向、变级数、补水、防止超灌、超泄等工况安全可靠运行，监控系统在复杂工况下指令和程序的正确性，设备运行的安全可靠性，是监控系统需要解决的重大技术难题。

（6）施工关键技术。船闸存在已建船闸施工中罕见的关键技术：深切开挖边坡下部与船闸结构联合受力的（高度近 70m）轮廓复杂的直立岩坡的开挖成形、稳定及变形控制；加固岩体长达 60m 的水平预应力锚索综合偏斜控制；薄衬砌式闸墙最大高度 70m 的混凝土浇筑施工、高达 38.5m 超大型人字闸门结构及其启闭机的高精度安装等。

53. 三峡升船机与世界上已建同类工程相比有哪些不同特点和主要技术难题？

三峡升船机按最大通过 3000t 船舶设计，承船厢带水重量和提升高度分别为世界已建升船机的 2 倍和 1.5 倍，是目前世界上过船吨位和提升高度最大的垂直升船机。三峡升船机的基本特点是工程规模特大，在水位变幅大的水利枢纽上兴建，其技术条件远较世界各国在运河上已建同类工程复杂。主要技术难题如下。

（1）安全和驱动机构合理的结构形式、技术参数和布置，安全机构螺纹副合理间隙及其与承重结构间联结的结构形式，塔柱与船厢间相对变位的控制。

（2）承船厢结构的形式、浮运方式和安装的工艺。

（3）受枢纽水库水位变化条件控制的承船厢与闸首间对接锁定装置的合理结构形式、布置及其工作特性。

（4）利用国内现有加工设备加工制造承船厢，安全、驱动机构等关键设备的制造工艺、加工精度和控制标准。

（5）电力拖动控制系统的最佳结构方案及其技术参数，各种设备运行监控系统的方案、最佳运行工艺流程、故障应对处理程序，船厢高压供电技术。

（6）升船机承重结构的布置，关键部位的应力与变形控制，以及改善承重结构及其顶部机房和承船厢抗震性能的技术措施，承重结构在施工期、运行期以及各种极端温变条件下，改善温度应力与变形控制的技术措施。

54. 船舶由升船机通过大坝的安全有充分保障吗？

通过升船机过船与通过船闸过船的主要不同点，是船舶在承船厢里，像坐电梯一样，被悬挂在空中，由机械驱动承船厢升降，以克服大坝上、下游的落差。三峡升船机备有周全的保安设施，可充分保障船舶在空中升降的安全。主要保障承船厢运行安全的机构和设施如下：

（1）三峡升船机采用全平衡方式，通过设置平衡重系统，全部平衡承船厢带水总重量，在承船厢升降过程中，影响安全的主要因素，是承船厢水深由于漏水等原因发生变化，导致升船机平衡状态的破坏，进而导致承船厢升降的失控。承船厢可能漏水的部位，是承船厢两端闸门止水的失效。为此，升船机在承船厢上设有水深监测装置和能自动开启的水泵系统，根据水深监测的结果，及时对承船厢内的水深进行调整；在承船厢闸门上设有防撞装置，防止进入承船厢的船舶碰撞闸门导致承船厢漏水。

（2）悬挂承船厢的 256 根钢丝绳具有足够的安全系数。

据有关资料，世界上采用与三峡升船机类似形式的升船机，已有 70 多年安全运行的记录，升船机钢丝绳损坏和更换的情况极少。三峡升船机规定了定期对钢丝绳进行检查和更换的制度，只要发现某根钢丝绳出现个别断丝，立即更换。

（3）升船机设置了一种由长螺母和短螺杆组成的事故安全装置，若升船机万一出现平衡状态破坏的情况，当不平衡荷载超过相当于承船厢内 10cm 允许水深误差时，承船厢会自动停止升降，承船厢上的短螺杆坐落在承重结构上的螺母柱上，保证承船厢的安全。升船机还设有让旅客迅速疏散的设施，十分方便地与承重结构上的应急疏散口连接，旅客可以通过活动走道，经承重结构疏散、离开升船机。

此外，升船机还设有消防设施，并在承重结构的筒体上，布置了足够的通风排烟的通道，防止火灾的发生。

55. 三峡升船机如何适应水库的 30m 水位变幅？

三峡升船机与以往建在运河上升船机的一个重要不同点是：承船厢与闸首对接位置，不像运河上升船机那样基本固定，而是在上、下游需分别适应高达 30m 和 11.8m 的水位变幅，按照上、下游水位变化，改变承船厢与闸首之间的位置。对此，目前世界上尚无较为理想的解决方案。三峡升船机在上闸首上，布置了一道由多节叠梁和一扇带卧倒小门的平板大门组成的工作门，在工作门前面，布置了一道由多节叠梁和平板大门组成的辅助门。在一定水位变化范围内，承船厢与闸首间对接的位置相对固定，当水库水位变化超过一定范围时，通过辅助门挡水，加减工作门下面的叠梁，调节上闸首闸门位置，使其与改变后的水位相适应。该方案每周需要对闸门调整一次，调整一次的时间大致需几个小时。这是目前水利枢纽上升船机适应水位变化问题的一个较为实际的方法。

56. 修建三峡工程的航运效益体现在哪些方面?

改善长江中、上游航道通航条件，促进长江航运发展，是三峡水利枢纽三大工程效益之一。长江作为我国最大的内河通航河流，在天然状态下，上游川江航道有139个险滩，分别在洪、枯水期，阻碍船舶的航行，通航船舶的安全得不到保障。中游航道多浅滩，城陵矶下游的界牌河道，枯水期最小水深只有2.3m，历年来需靠疏浚和整治工程，维持起码的航深。长期以来，长江中、上游河道的通航尺度和水流条件，严重制约着航运的发展。葛洲坝工程和三峡工程建成后，长江上游河段原来的险滩基本被淹没，消除了航行险段只能单向通行和不能夜航，以及某些河段遇到大于4万 m^3/s 的流量时不能通航的限制，从根本上改善了长江上游的通航条件。在下游，枯水季节通过水库对流量进行调节，增加了中游河段的通航水深，为长江航运的发展，提供了良好的基础条件。在三峡工程修建以前，通过宜昌河段的运量，长期徘徊不前，通过葛洲坝枢纽的历史最高上、下水总运量为1800万t。三峡工程蓄水通航以后，该河段运量迅速上升，2004年通过三峡的上、下水总运量达到4300万t，接近历史最高水平的2.4倍。由于建库后，上游约600km航道水流流速变缓，船舶航行阻力减小，船舶的航行效率明显提高。据有关资料，船舶在长江中、上游航道营运的周期，将大大缩短。此外，川江航行船舶的安全有了充分保证，船舶的运输成本也有较大幅度的降低。

57. 随着水库中泥沙的不断淤积，通航建筑物还能过船吗？

长江是一条含沙河流，多年平均径流量为4510亿 m^3，平均含沙量为1.2kg/m^3，通过三峡坝址的多年平均输沙量为5.2亿t。修建三峡工程以后，由于上游库区水位抬高，河道的过水断面增大，上游入库的泥沙，将逐渐在水库中沉积，直到一定年限以后，水库中泥沙达到进出平衡，在水库中形成基本稳定的泥沙淤积形态。三峡工程曾对逐年泥沙在水库内积量的多少，泥沙淤积的部位，水库泥沙内达到冲淤平衡时间的长短，泥沙淤积平衡后对通航尺度的影响等，进行了大量研究，基本结论是：在水库泥沙淤积的后期和冲淤平衡以后，泥沙淤积对船舶的通航会造成一定影响，但通过必要的工程技术措施，可以保证通航建筑物的长期运用。三峡工程针对泥沙淤积的特点，采取了“蓄清排浑”的总体战略和防、冲、挖结合的综合治理措施。在汛期江水含沙量较大时，水库降低水位打开泄洪设施泄水，尽量减小河段过流条件的改变，减少泥沙在水库中淤积；通过在通航建筑物上、下游布置隔流防淤工程进行防沙，辅以将临时船闸改建为冲沙闸，降低下游水位冲沙和松动冲沙，配备高效挖泥船挖泥，并预留在必要时，增建两条冲沙隧洞的位置等综合技术措施，可以较好地解决通航建筑物在运行后期的泥沙淤积问题，保证工程的长期使用。

58. 怎么看待长江“黄金水道”与三峡工程之间的关系？

长江在历史上一直是我国中部东西方向的交通要道，是我国横贯东西、纵连九省一市的交通大动脉，因此，自古以来就有“黄金水道”的美称。但同时又因上游川江滩险众多，船舶航行安全得不到保证，在民间有“蜀道难，难于上青天”的说法。据粗略调查，在葛洲坝和三峡工程兴建前，长江中、上游航道的年单向通过能力只有 1000 万 t 左右，船舶航行经常发生海损事故。随着葛洲坝工程特别是三峡工程的建成，大坝蓄水在上游淹没了险滩，扩大了河道的通航尺度，对下游泄水进行调节，增加了河道水深，长江的通航条件得到了根本性的改善，航道的通过能力大幅度提高，如同时抓紧对船舶进行大型化改造，并对中游航道辅以必要的整治措施，长江中、上游航道单向下水的通过能力，可以提高到 5000 万 t 以上，船舶航行的效率和安全度大大提高。随着通过能力的加大、航行时间的缩短和运输成本的降低，世界第三大河长江，将真正成为名副其实的“黄金水道”，将为我国的经济和文化建设作出新的贡献。

三峡工程水库诱发地震问题

59. 修建水库一定会诱发地震吗?

1935 年，当时世界第一高坝——美国科罗拉多河上的胡佛坝（最大坝高达 221m，库容 367 亿 m^3）建成蓄水，1936 年库区开始发现有感地震；1939 年春，库水上升至设计水位，不久就出现地震高潮，最大震级达到 5 级。这是世界上首次有关水库蓄水后引发地震的报道，称之为“水库诱发地震”。从美国胡佛坝确切发生第一例水库诱发地震迄今的 70 年来，关于出现水库诱发地震的工程的报道约 140 处，分布在六大洲的 34 个国家，其中得到较普遍承认的不超过 100 处。当时曾认为这一现象可能属于十分罕见的特殊情况，没有引起工程界足够的重视。

20 世纪 60 年代，在短短的 5 年中，世界上先后记录到 4 处震级大于 6 级的破坏性水库诱发地震，即中国的新丰江水库（6.1 级，1962 年 3 月），赞比亚—津巴布韦的卡里巴水库（6.1 级，1963 年 4 月），希腊的克瑞马斯塔水库（6.3 级，1966 年 2 月）和印度的柯依纳水库（6.5 级，1967 年 12 月），对工程区和库区建筑物带来一定的破坏。此后，水库诱发地震就成为工程界和地震界高度关注的课题，并将其作为水坝建设中有关工程抗震设防和库区环境评估的一个重要问题加以研究。

按国际大坝委员会的统计，至 2003 年，全世界坝高大于 15m 的水坝共计约 5 万座（49697 座），

可见，在世界范围内，出现水库诱发地震的水坝仅占已建坝高在 15m 以上大坝总数的千分之二左右。

中国是发生水库诱发地震较多的国家之一，迄今已报道的有 35 例，得到广泛承认的达到 23 例。与 2003 年统计的坝高大于 15m 的 2.58 万座的大坝数量相比，发生诱发地震的仅占千分之一左右。但统计资料表明，随着坝高和库容的增大，诱发地震的比例明显增高：坝高不小于（大于或等于）100m 的高坝和库容不小于（大于或等于）100 亿 m^3 的大库，发震比例均在 30% 左右。

根据上述资料，可以得出 3 点结论：

（1）水库诱发地震是修建水库中确实存在的工程地质问题之一。

（2）水库诱发地震是一种小概率事件，即使在高坝大库中，发震的工程也是少数，大多数水库蓄水后并没有观察到水库诱发地震的现象。

（3）虽然水库诱发地震是小概率事件，但在工程的勘测、设计和运行中必须给以足够的关注。同时，要做好地震知识的普及宣传，避免引起无谓的惊慌。

60. 水库诱发地震有哪些特点?

经过全世界尤其是中国有关科学技术人员几十年的不断探索研究，人们对水库诱发地震的活动特点和规律已经有了一些基本的认识，概括起来有以下几点：

（1）水库诱发地震平面分布上主要集中在库盆和距离库岸边 3 ~ 5km 范围内，少有超过 10km 者；垂向上，震源深度主要在 3 ~ 5km 以内，直至近地表，属于极浅震。

（2）大多数情况下，蓄水开始不久库区就会测到频繁的微小地震，可称为前震。它们可能集中在一个较小的范围内，也可能先后分别出现在相隔较远的几个地段，各自独立发展。蓄水的头几年，地震活动的强弱与库水位升降变化有较好的相关性，并可能有一定的滞后。

（3）一个水库最强的水库诱发地震称为主震，通常发生在蓄水的头几年。根据部分发震水库的统计，主震发生在蓄水后一年内的占67%，2年～3年内的占22%。但是也有少数在蓄水5年以后才出现主震。埃及的阿斯旺水库蓄水17年后才发生5.7级的水库诱发地震，这可视为是一个特例。

（4）水库诱发地震绝大部分是小于1.0级的极微震，主震的震级大部分为不大于4级的弱震和微震，占到总数的70%~80%，震级在里氏6级以上的强震仅占3%。

（5）与同样震级的天然地震相比，由于水库诱发地震震源较浅，震中区的震感往往要更强一些（震中烈度偏高），但极震区范围较小，烈度衰减快。

上述认识，虽不足以对水库诱发地震的成因机制和诱发机理做出本质的揭示，但是对于认识它的活动规律和判断它的危害性却有很大的作用。正是因为有了上述的一些基本认识，人们才逐步克服了初期对水库诱发地震的恐惧心理，能够比较恰当地估价它的影响，并采取合理的工程和非工程对策。

61. 水库诱发地震有哪些类型?

通过大量震例的分析研究，人们对水库诱发地震的成因类型做了划分，主要可分为3种类型：

（1）构造型。由于库水渗入库区某些断裂构造的薄弱部位而触发的地震。这类诱发地震多沿原有大型断层分布，产生的地震强度较高，主震可以达到里氏5～6级，迄今全球记录到的最强水库地震是印度柯依纳水库的地震，达到6.5级（现修正为6.3级）。对水利工程的影响较大，也是世界各国研究最多的主要诱发地震类型。

（2）喀斯特（岩溶）型。发生在碳酸盐岩分布区喀斯特发育的地段，通常是由于库水升高突然涌入喀斯特洞穴，高水压在洞穴中形成气爆、水锤效应及大规模岩溶塌陷等引起的地震活动。这是最常见的一类水库诱发地震，主要发生在厚层石灰岩、白云岩分布的地区。中国的水库诱发地震中 70% 属于这一类型。但这类型地震震级不高，多为 2 ~ 3 级。最大也只在 4 级左右。

（3）浅表微破裂型。又称浅表卸荷型。库水浸入地表小断层、岩石裂隙和其他破裂面，引起浅表部岩体调整性破裂、位移或变形而引起的地震，多发生在坚硬脆性的岩体中或河谷下部的所谓卸荷不足区。这类地震震级一般很小，多小于 3 级，持续时间不长。近年的资料表明，该类型的诱发地震比原先预想的更为常见。

库水抬升淹没废弃矿井、造成矿洞垮塌引发的地震称为矿洞塌陷型水库地震，简称为矿震。近年来的监测资料表明，有矿山分布的地区，特别是在煤矿集中的地区，这类诱发地震发生的几率很高，只是由于它的震级很小，通常人们感觉不到，所以未被单独列为一种类型。

62. 水库诱发地震有多大的破坏性？

水库诱发地震的破坏性取决于它的强度。前面已经述及，水库诱发地震的强度，主要取决于它的类型。

全球水库诱发地震的统计资料中，约有 70% 是不会造成损害的弱震和微震；30% 左右属于中等强度地震（5.5 ~ 4.5 级）和较强弱震（4.5 ~ 4.0 级）的范畴，它们对大坝和水工建筑物并不构成重大威胁，但可能在震中区附近造成一定的破坏。有关专业人员参照历史地震和国内外水库诱发地震灾害的统计资料，对这类震害做出了粗略的评估（预测）：

发生 MS5.0 ~ 5.5 级地震，震中烈度Ⅶ ~ Ⅷ度，死亡人数一般少于 10 人，重伤会超过 20 人，直接经济损失将超过亿元。

发生 MS4.0 ~ 4.5 级地震，震中烈度Ⅴ ~ Ⅵ度，一般不会造成人员死亡，少数人受伤。直接经济损失在数百万至数千万元。

已经发生的 4 次 6 级以上的强烈水库地震，对大坝和水工建筑物或者对震中区人民的生命财产都造成一定破坏。表 1 是两次发生在大坝附近的 6 级以上水库地震对水工建筑物造成的损坏和抗震加固的情况。另两次 6 级以上水库地震的震中距大坝较远，对工程影响不大。表 2 是 3 次 6 级以上水库地震在当地造成的人员和财产损失。

总体上说，大多数水库诱发地震的主震震级为 3 ~ 4 级或更小，震中烈度不超过Ⅴ ~ Ⅵ度，在震中区的居民明显有感甚至强烈有感，少数老旧房屋可能有轻度损坏，常会引起一时的惊慌，但整体上不会带来较大的破坏和损失。

表 1　水库诱发地震造成水工建筑物损害情况

大坝名（国家）	震级	震中至大坝距离（km）	坝区影响烈度	水工建筑物受到的损坏		加固处理情况
				挡水建筑物	其他建筑物	
柯依纳（印度）	6.5	3~6	VIII 度	12~18 号坝段和 24~30 号坝段坝以下 40m 左右发生多条水平裂缝，下游面出现严重漏水现象，但库水位并无明显下降	坝顶起吊塔严重破坏，坝面上其他附属建筑也有损坏，水电站建筑物受轻微破坏而中断运行	地震后降低水位，用环氧树脂对裂缝灌浆粘合，并用预应力钢索加固，耗资约 740 万美元，至今已安全运行近 30 年
新丰江（中国）	6.1	1.1	VIII 度	大坝右侧接近顶部 108m 高程产生贯穿行水平裂缝，长达 82m。左侧同一高程有断续水平裂缝，长 13.5m，出现轻微渗漏现象	坝后厂房主结构受轻微损坏	蓄水初期发生微震，开始大坝第一期加固工程，主震后进行第二期加固。加固过程中运行未中断，迄今已安全运行 30 余年

表 2　　强烈水库诱发地震对震中区造成损害情况

坝名	震级	震中烈度	人员伤亡	物质损失
柯依纳（印度）	6.5	VIII 度	死 180 人 伤 2300 人	震中区几个村镇大部房屋捣毁，受到影响的村镇达到 1000 个，震坏房屋 47000 栋
新丰江（中国）	6.1	VIII 度	死 6 人 伤 80 人	倒塌房屋 1800 间
克里马斯塔（希腊）	6.2	VIII 度	死 1 人 伤 60 人	480 间房屋倒塌，1200 间严重破坏，21500 处建筑物受损坏

有人担心水库诱发地震会不会在库区引起“群发性”的崩塌、滑坡、泥石流等次生灾害？

按照我国现行的国家标准《中国地震烈度表 GB/T17742—1999》的描述，在Ⅵ度和Ⅶ度区内，大型崩塌滑坡是不可能出现的；Ⅷ度区内干硬土上亦出现裂缝，在岩石破碎、土质疏松的地区常发生相当大的土流、石落、滑坡或坍方。只有在地震烈度达到Ⅸ度的地区才会有“干硬土上许多地方出现有裂缝，基岩可能出现裂缝、错动；滑坡坍方常见”的情况。从我国的实际情况来看，有报道的 35 个水库诱发地震震例中，包括了广东新丰江（主震震级 6.1 级，震中烈度Ⅷ度）、湖北丹江口（相应为 4.7 级和Ⅶ度）、辽宁蓡窝（4.8 级和Ⅵ度）等 3 个有一定破坏性的水库地震，都没有关于水库地震引发大型崩塌滑坡的记载，更没有出现“群发性”边坡失稳的现象。

63. 水库诱发地震可以预测预报吗?

水库诱发地震的预测预报，如同天然地震一样，还是一个远未解决的科学技术难题。但是由于水库诱发地震研究的范围是特定的和有限的，人们对其成因类型及特点有所把握，活动特点有了一定程度的了解，因此现在已经可以定性和半定量地作出预测预报（可能的发震地段，可能的最大强度，最可能集中出现的时间等），并且已经有了若干成功的例子（乌江江口水电站、三峡工程等）。

水库诱发地震的预测有两种类型。

第一种预测称之为“水库诱发地震危险性预测”。就是在拟建工程的勘测设计阶段对该工程蓄水后是否可能出现水库地震进行论证。如果有可能出现，那么，在最不利的地质和地震条件下，主震的震级最大可能达到多少等，预先提出评估（预测）意见。对于大型工程，水库地震的最大可能震级（亦称为“极限水库地震”）是工程抗震设计的重要参数之一。

目前，我国大型水利水电工程在前期勘察阶段都要按规范进行水库诱发地震危险性的研究，提出预测意见，提交专题报告，接受有关部门和专家的评审。

第二种预测称之为“水库地震发展趋势预测”。这是指当一个水库蓄水出现了水库地震后，研究并预测今后一段时间（例如，数周或数月）地震活动会继续增强还是逐渐衰减。如果增强的趋势明显，则预测近期内可能出现更大地震的震级，必要时提出预警信息，供工程管理部门和当地政府组织防震抗震工作时参考。

1959 年 11 月，新丰江水库蓄水后不到一个月，库区出现频繁的微震，有关部门紧急组织了大规模的地质和地震研究和评估，为党中央、国务院提供关于提前进行大坝加固的决策提供依据，这是我国首次进行的水库地震发展趋势预测。以后，每当出现新的震例，有关部门都要进行趋势预测，这已经成为常规。

20世纪90年代，随着地震观测技术的发展，水库地震专用地震台网的监测能力有很大提高，给水库地震的趋势预测提供了更大的有利条件。目前在二滩、三峡、小湾等工程，科技人员根据专用地震监测台网的测震成果，实时跟踪分析震情变化、及时向工程管理部门提供水库地震趋势预测预警信息，已取得了一些初步成果。

64. 三峡工程水库诱发地震问题已经做了哪些研究工作?

三峡工程水库诱发地震的研究，借鉴和吸收了国内外的经验，已经历了几十年的长期的探索和多方面的实践，由地震地质类比判断，到多因素综合分析评判，进而对关键因子进行专项试验研究等几个阶段。采用的方法既有常规的地震地质条件的调查研究，又有多项专门性测试和试验，还应用了多种方法的数值模拟和解析计算，主要的研究工作有：

（1）区域地质背景调查研究。该项研究主要服务于区域地壳稳定性评价，但其成果无疑也是水库诱发地震问题分析研究的基础。

（2）主要断裂活动性的研究。此项工作是区域地壳稳定性研究的核心和重点，也是评价水库诱发地震的重要因素。

（3）库首区地质构造和地层岩性的专项研究。包括中小型断层的补充调查、断层性状的专门研究、裂隙的分段调查和特征值的统计分析、断层裂隙发育与库盆的关系；结晶岩库段和碳酸盐岩峡谷库段地层和岩性的补充测绘等。

（4）水文地质和岩溶水文地质调查。包括水文地质结构单元的划分，岩体和断裂构造的透水性及其各向异性特征，主要水文地质结构面（透水带、层、体，管道等）的分布及其与库水的关系等。在碳酸盐岩分布区，还包括岩溶发育特征、规律及其与库水关系的研究。

（5）库区地应力场的研究。三峡工程库区地应力场的研究，除应用构造形迹分析法、地形变测量、震源机制解、坝区初始应力测量等项成果进行分析外，还在库区茅坪镇和秭归县城附近的两个地点，进行了孔深分别为800m和500m的深孔地应力测量，取得了岩体主应力的方位、量级随深度变化的规律、岩芯状态、孔隙水压力和岩体渗透率等宝贵资料。

（6）小孔径地震台网的强化观测。采用小孔径台网强化观测的方法，对库首段结晶岩区、两段碳酸盐岩峡谷区、九畹溪断裂、仙女山断裂展布区，高桥断裂带等地段进行地震活动本底情况的监测。监测时段分别跨越长江枯水期和洪水期。这一成果不仅取得了水库蓄水前几个重点地段天然地震活动本底情况的重要资料，为蓄水后正确分析评价地震活动变化提供最重要的基础资料，而且有助于分析认识已有的地震监测成果。

（7）分析整理水库诱发地震震例。搜集整理了全世界百余个水库诱发地震的震例，着重分析其构造背景、岩性条件、断裂活动性、新构造运动特征、区域应力状态、地热活动、地震活动性等方面的条件，既可用于进行地震地质类比分析，又可用于进行各种统计预测。

（8）极近场地震动参数研究。针对水库诱发地震的特点，研究极近场地震动参数，探讨三峡工程库首段产生不同震级的诱发地震时，坝址区可能的基岩峰值加速度和影响烈度值。

在上述工作的基础上，主要采用以下几种方法进行水库诱发地震预测：

（1）地震地质类比预测。通过已诱发地震的水库的地质地震条件分析，找出普遍性的相关因素，与三峡水库的条件相比较，来预测水库发震的可能性、发震库段、震级大小等。不同成因类型的水库地震，其诱发地震条件的组合有所不同，即水库诱发地震存在有多个判据集。通过研究对比，建立构造型水库地震和岩溶型水库地震的主要判别标志，进行三峡工程各库段的诱发地震预测。

（2）统计分析预测。主要采用了“模糊聚类分析”、“灰色聚类分析”和“概率统计预测”等3种方法进行统计预测。在统计分析中考虑了6种基本因素（库水深、库容，区域地应力状态、断层活动性、岩性和地震活动背景）的22种状态，对三峡工程可能产生的水库诱发地震的发震概率及震级上限进行预测。

（3）数值分析方法预测。通过三峡水库蓄水后库盆应力分析，计算库盆地壳应变能的积累，推算水库地震的可能规模（震级）。

（4）水库诱发地震综合评价。对三峡工程是否会产生水库诱发地震的条件进行逐项分析，结合各库段的岩性、地质构造、渗透条件、地震活动情况以及各种数值解析成果，进行水库诱发地震的综合评价。

65. 三峡水库诱发地震预测的结论是什么？

三峡工程的勘测设计和论证工作延续了数十年，水库诱发地震危险性预测一直作为重大工程地质问题之一，经历了多部门、多单位、多阶段和多轮次的研究。

1976 ~ 1985 年，以长江水利委员会（简称长江委）为主，总结国内外水库地震震例，在区域地质工作的基础上，分析了三峡地区诱发地震的宏观环境，有利及不利于蓄水后诱发地震的地质条件。初步提出产生诱发地震可能性较大的某些地段并对其危险性进行评估。

三峡工程长江干流库段长约 660km，可划分为特征迥然不同的 3 个库段：

Ⅰ库段——结晶岩低山丘陵宽谷段。从坝址至庙河，库段长 16km，地质条件优良，天然地震活动十分微弱，分析预测不会产生构造型和岩溶型水库地震，但不排除发生浅表微破裂小震的可能，最大震级在 3 级左右。

Ⅱ库段——碳酸盐岩夹碎屑岩中山峡谷段。从秭归县庙河至奉节县白帝城，长 141.5km。根据库段地质构造和岩性条件的差异，预测水库蓄水后，仙女山—九畹溪断层展布区，周家山（牛口）、高桥等断层分布区有可能发生构造型水库诱发地震，最高震级早期预测为 6 级，后期调降至 5.5 级。此外，在巫峡上段、支流大宁河、神农溪等石灰岩出露区，很可能诱发岩溶型水库地震，最大震级 4 级左右。

Ⅲ库段——碎屑岩低山丘陵宽谷段。从白帝城至库尾猫儿峡，长492.5km，为侏罗系～白垩系红色碎屑岩分布为主的地区，地质条件相对简单，地震活动微弱。分析预测，本库段除了几小段碳酸盐岩峡谷可能诱发岩溶型小震外，其他地段不具备诱发较强水库地震的条件。

1986～1988年，曾开展三峡工程可行性重新论证工作，其中的地质地震专题专家组，以区域地壳稳定性、水库诱发地震危险性及库岸稳定性3个专题作为重点。对“水库诱发地震危险性”专题，组织了长江委、水电部、国家地震局、中国科学院、地质矿产部，以及大专院校等多个部门的不同单位，分别进行研究和论证，对可能诱发地震的类型、地段、最大可能强度，以及对工程安全和库区环境的影响评价，得出了基本一致的结论。

以后经历了1986年～1988年重新论证阶段，1989年～1993年的可行性研究和初步设计阶段，1987年～1995年的国家“七五”、“八五”重大科技攻关，直正单次技术设计和施工详图阶段，对三峡水库诱发地震问题均进行了深入研究。根据1999年的研究成果综合简化后，三峡库首区诱发地震危险性预测见表3。

表3　三峡库首区水库诱发地震危险性综合预测表（据1999年成果综合）

预测库段	水库诱发地震综合预测			
	极限水库地震		常遇水库地震	
	震级	烈度	震级	烈度
坝址至庙河	3.0	Ⅳ~Ⅴ	＜2	＜Ⅳ
九畹溪断层沿线	5.0	Ⅶ	3.5	Ⅳ~Ⅴ
仙女山断层沿线	5.0	Ⅶ	3.5	Ⅳ~Ⅴ
秭归盆地高桥断裂附近	5.0	Ⅶ	＜3	＜Ⅴ
广大石灰岩分布区	3.0~4.0	Ⅴ~Ⅵ	＜2	＜Ⅳ

66. 三峡水库诱发地震对大坝等建筑物的安全有威胁吗?

从上述三峡水库诱发地震的广泛深入研究中，可以得出与大坝等建筑物安全有关的2个结论；

（1）三峡工程水库诱发地震所做的分析预测，是不同时期、不同部门、单位和个人单独或联合研究的成果。各家的研究成果，不论是对可能发震的地段、可能的最大震级或对大坝安全的可能影响，认识都基本相同。这说明，由于研究疏漏而造成水库诱发地震危险性被缩小或过分夸大的可能性几乎不存在。

（2）所有的研究成果都表明，最不利的情况是在仙女山－九畹溪断裂带距大坝最近处（17km）发生6级的极限水库地震，当地的震中地震烈度可达到Ⅷ度，经过17km的衰减，传到坝区的影响烈度为Ⅵ度，可见，大坝是按抗Ⅶ度地震设计的，因此，大坝等建筑物是留有足够安全裕度的。

可以有把握地说，三峡工程大坝及其他主要建筑物，在抵御水库诱发地震的破坏方面，有足够的安全度。

67. 三峡水库诱发地震具有完备的监测网吗?

早在1958年，由中国科学院地球物理研究所指导，长江水利委员会负责实施，建立了我国第一套工程专用的地震台网，主要目的是监测和研究三峡及其外围地区的天然地震活动规律，论证坝址的区域构造稳定性和地震活动性。40年来，该台网经过数次更新，逐步发展到8个台站，并于1996年改造为模拟无线遥测地震台网，连续运行至今，积累了极为宝贵的第一手资料。

1997年，受中国三峡工程开发总公司委托，由中国地震局负责，中国地震局分析预报中心、地震研究所和长江水利委员会三峡勘测研究院承担，筹建三峡工程水库诱发地震监测预测系统。并于2001年10月建成投入运行。该系统由3大部分组成：（1）数字遥测地震台网；（2）地壳形变监测网；（3）地下水动态监测井网。

监测系统的主体是专用数字无线遥测地震台网，由24个高增益遥测子台、1个台网中心、1个地震总站和配套设备组成。数字地震台网的基本任务是对三峡坝址和库首区的地震和水库诱发地震活动进行常规监测，在台网规定精度的范围内实时记录发生的地震，及时向三峡工程开发总公司及有关部门报送震情。大震速报能力为：重点监视区内发生ML2.5级以上的地震，可在15分钟内处理完地震数据，30分钟内向有关部门速报地震基本参数。

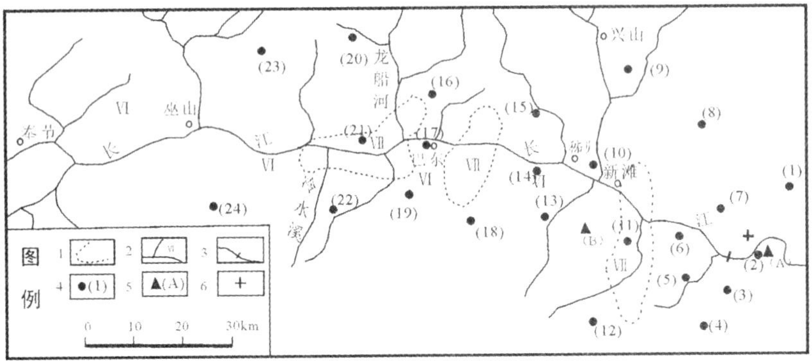

三峡水库地震对库区最大可能影响评价及遥测地震台网布局示意图

1. 预测地震等烈度线；2. 长江、支流和最大影响烈度；3. 三峡工程坝址；4. 遥测地震台站及编号；5. 信号中继站及编号；6. 地震台网中心。(1)中坪垭；(2)代石沟；(3)鸡冠石；(4)白云山；(5)双山；(6)黄土坡；(7)长岭；(8)三堡；(9)郑家坪；(10)赵家山；(11)周坪；(12)大块田；(13)百佛寺；(14)卢家山；(15)石头垭；(16)炮台山；(17)金子山；(18)肖家坪；(19)梅花山；(20)茅山岭；(21)淹水塘；(22)较场坝；(23)梨子坪；(24)猫子山；(A)黄牛岩；(B)大金坪。

监测预测系统还配置了适量的、配套的地震前兆监测手段，即地壳形变监测网络和地下水动态监测井网两大部分。地壳形变监测网络包括：区域水平形变GPS观测站测量、区域垂直形变精密水准测量和精密重力测量、重点监测区内主要断层的三维形变监测网、周坪平硐内跨断层（仙女山断裂）连续形变监测站、库首区跨长江的库盆沉降和谷宽变化监测等。地下水动态观测井网由两组共八口井组成，观测水位、水温、土氡等共 26 个测项。

为了抢在蓄水前搜集库首区微弱地震的活动情况，为水库诱发地震的分析判别积累天然地震本底资料，中国长江三峡工程开发总公司又委托长江委在三峡工程二期围堰合龙前，建立了简易的地震强化监测系统。在坝址至巴东几个重点地段库区两岸 10km 范围内，布设了 15 个人工值守的流动地震观测台，使局部重点地段的监控能力提高到 ML ≥ 0.0 ~ 0.2 级。该系统于 1997 年围堰合龙挡水前即投入了运行，收集了蓄水前比较完整的微震数据；蓄水后，根据新出现的水库地震震情，又适时进行了调整和增补，现在已达到 18 个台，成为数字遥测台网的有效补充。

目前这几套系统仍并行运行，互相校验并互为补充。三峡工程的地震监测工作至今已连续进行了近 50 年，在世界水利工程建设史上实属罕见，对水库诱发地震活动的发现、判别和趋势预测提供了实实在在的物质基础。经过蓄水两年多的实践，可以有把握地说，目前监测手段的配置和运行管理水平，在坝区到奉节县城的整个峡江段、长江两侧各 20 ~ 30km 的范围内，可以不遗漏每一个微小的震情变化。

68. 听说三峡水库蓄水后诱发了很多地震，事实是怎样的？

三峡工程于 2003 年 6 月 1 日开始围堰挡水发电蓄水，6 月 10 日蓄到水位 135m，坝前新增水深约 70m。6 月 7 日，在巴东县官渡口镇库边一个废弃煤矿处发生了 ML2.1 级的微小地震，这是蓄水后在库水影响范围内（库边线外延 10km）记录到的第一个地震。截至 2006 年 5 月 31 日的 36 个月中，大坝和库首监测区范围内共记录到能精确定位的地震2299个。此外，还有数千个单台记录的极微震，只有1 ~ 2个台记到、无法确定其具体位置；它们的震级绝大多数小于ML0.5级，这些单台记录的极微弱的震动信息，普通地震台网是很难测到的。

有人会很奇怪地问，不是说三峡工程位于地质构造相对稳定的地区，怎么还会发生这么多的水库诱发地震？没有听说有哪个水库蓄水短短的3年，就记录到数千个地震，那是否说明三峡工程的水库诱发地震相当严重、相当可怕？这是一种误解。从下面的分析中就可以知道，之所以记录到这么多的地震，首先是三峡工程地震台网的监测能力很强，很小的地面震动都可以记录下来，其次，绝大部分的地震并不是我们一般意义上的由于地质构造运动所引发的地震，而是其他非地质构造运动引起的地面震动的反映。

在这些地震中，ML ≥ 3.0级的有3个（占总数的0.1%），最大为2005年9月22日发生在巴东县东瀼口镇的3.3级（相当于MS2.6级）地震；ML2.9 ~ 2.5级的有17个（占0.7%）；2.5 ~ 2.0级的有43个；≥ 2.0级以上的地震合计63个，约占总数的2.7%。

从表5中可见，三峡库首区蓄水后监测到的地震全部属于微震和极微震的范畴，其中极微震（MS ≤ 1级，相当于ML ≤ 1.8级）占到96%以上。这些地震当地居民一般是感觉不到的。2.0 ~ 2.4级的地震中，有一部分会有一定的震感。2.5级以上的地震，震中区的小范围内群众普遍有感。3.3级地震后的现场调查，确定震中位于水库北岸、高桥断裂东南侧约3km，有感范围东西向约20km；南北向约12km。没有建筑物遭受破坏和人畜伤亡的情况。

表5　三峡库首区蓄水后地震数分档统计表

震级范围（ML）	记录次数	占总数的百分比	实测最大最小值
≥ 3.0级	3	0.13%	M_L3.3级
2.9~2.5级	17	0.74%	
2.4~2.0级	43	1.87%	
1.9~1.5级	216	9.40%	

续表

震级范围（ML）	记录次数	占总数的百分比	实测最大最小值
1.4~1.0 级	576	25.05%	
0.9~0.5 级	1038	45.15%	
＜0.5 级	406	17.66%	M_L-0.5 级

注：（1）按照国家标准《地震震级的规定》，我国地震震级 M 用地震面波测定（即是社会上现用的面波震级 MS），适用于地震测定、地震预报、防震减灾、新闻报道等社会应用。

水利水电工程为研究水库诱发地震而设置的专用小孔径地震台网，一般使用近震震级 ML。震级 M（MS）和 ML 之间可通过经验公式换算。

（2）1.0 级地震弹性波释放出的能量约为 2×10^6J，零级地震的能量约为 6×10^4J。若一次地震释放的能量小于该值，则其震级为负级，目前用高倍率的微震仪已可测到 −3 级的极微震。

通过监测所积累的丰富资料和蓄水 3 年来细致的分析调查工作，大致掌握了三峡库区蓄水后水库诱发地震类型和成因机理，可归纳如下：

（1）矿洞塌陷型水库地震。库水上升灌入废旧煤矿和其他矿洞（坑）引起矿洞（坑）垮塌的地震。这类地震主要集中在火焰石废弃煤矿、宝塔河鹿子岩煤矿和黄阳畔—盐关煤矿 3 处，共记录到 188 个地震，其中 ML ≥ 2.0 级的 3 个，最大为 2.5 级。

（2）岩溶型水库地震。库水上升倒灌入岩溶洞穴和地下暗河，引起洞穴垮塌或产生水锤、气爆效应所产生的地震。这类主要发生在巴东县巫峡楠木园—培石段的喀斯特峡谷区和神农溪以西喀斯特台地区。该两地区岩溶发育，大型溶洞、暗河广布。3 年来共记录到地震 573 个，其中 ML ≥ 2.0 级的 11 个，最大为 2.9 级。地震活动规律一般是夏秋雨季地震较多，形成峰值；冬春季地震较少。

（3）浅表微破裂型水库地震。库水浸入地表小断层、岩石裂隙和其他破裂面，引起浅表部岩体调整性破裂、位错或变形而引起的地震。

以上 3 类水库地震统称为非构造型水库地震，亦称外成因的水库地震。

（4）构造型水库地震。蓄水后库水沿原有大型断层线渗入地下较深，引起地质体的局部变化而引发的地震，主要发生在高桥断裂沿线，是三峡库首区最重要的水库地震活动，3 年来共记到可定位的地震 648 个，其中 ML ≥ 2.0 级的 19 个，最大为 3.3 级。

69. 三峡水库诱发地震的发展趋势如何？会对大坝及其他建筑物造成破坏吗？

按照工程的建设和运行计划，2006 年 9 月以前三峡工程是在围堰挡水条件下按库水位 135 ~ 139m 运行的。2006 年 10 月将达到 156m 的初期运行水位，2009 年蓄水位将升高到正常蓄水位 175m。随着库水位的升高，水库诱发地震将会是一个怎样的发展趋势，是社会各界广为关注的问题之一。由于三峡工程有前期工作的良好基础，有一个高精度地震监测台网和蓄水 3 年来监测分析所提供的丰富信息，已经有条件对库区今后诱发地震的发展趋势作出某些预测。下面对蓄水至 156m 后水库诱发地震可能的发展情况进行一些讨论。

（1）库水位由 135 ~ 139m 提高到 156m，由于淹没范围和对象的扩大，地质条件发生变化，有可能会引发新的地震活动。

（2）大量出现的仍可能是非构造型水库地震。包括：

①库水会淹没一些还未被淹没的废弃煤矿和其他矿山，主要是巴东、秭归、兴山县境内沿库边分布的下侏罗统含煤地层区，地震强度最大在 3 级左右，某些原先地震活动已平息的矿震地点，也可能再发生少量零星小震。

②原先已发生了岩溶型水库地震的巫峡和神农溪石灰岩分布区，在库水位抬升到 156m 后仍将会出现小震活动，并主要集中在夏秋的多雨季节；瞿塘峡和支流大宁河的石灰岩分布区，也有可能出现新的岩溶型水库地震小震群，强度最大在 3 级左右。

③以零星小震群为特征的浅表微破裂型水库地震也仍会发生，发震地点以库岸陡峭处为多见，库首段结晶岩区也可能会出现，但偶然性较大，地震强度也不会超过 3 级。

非构造型水库地震对工程建筑物的安全不会有任何影响，也不会对当地的人民生命财产造成大的危害。

（3）构造型水库地震

高桥断裂沿线的水库诱发地震，经过两年左右的频繁活动，目前已接近于平息。由于该断裂沿线已经经受了库水的渗入作用，并释放了一部分原积累的能量，水位抬高至 156m 后，很可能只是在原来发生地震的范围出现一些小的起伏波动。不过，由于对构造型水库地震发生发展机理还缺乏深层次的认识，因此还不能排除出现 4 ~ 4.5 级较强诱发地震的可能性。经过 135m 水位，再经过 156m 水位的考验和验证，在第三期蓄水（175m）前，将有可能作出更有把握，可信度较高的预测。

九畹溪断层和仙女山断裂带展布区，从三峡初期蓄水 3 年来的资料看，主要发生了微弱的天然构造地震和矿山地震活动，没有发现异常征兆。结合清江隔河岩水库蓄水 13 年来，横穿该库的都镇湾断层（仙女山断层中段）也没有出现异常地震活动的情况，初步预测，蓄水至 156m 后，对九畹溪断层和仙女山断层展布区的地震活动不会有重大的

变化。

（4）出现极限水库地震的可能性

“极限水库诱发地震（Extreme Reservoir-Induced Earthquake 即‘ERIE’）”可以看做是该地区所可能发生的会导致最严重的地面运动的水库地震，它是一种为该地区所有地质和地震数据所支持的合理和可信的水库地震的最大震级上限，出现的概率极小。

对于三峡水库而言，20 世纪 80 年代中期，极限水库诱发地震震级定为 6 级，80 年代后期随着地质和地震研究工作的深入而调降至 5.5 级，其出现概率大体上相当于年超越概率 10^{-4}，也可以表述为“万年一遇”。这个参数与蓄水后实际出现的地震活动的强弱并没有直接的关联。也就是说，它出现的可能性不会因为蓄水后一时没有出现水库地震而减小，也不会因为出现了一些弱震活动而增大。

极限水库地震是大坝等和主要水工建筑物抗震设计的重要参数之一。三峡大坝和其他主要水工建筑物的抗震设防标准，比极限水库地震为 6 级时的可能影响还要大，完全能够抗御这种“万年一遇”的恶劣条件，而做到“万无一失”。

三峡工程库区移民

70. 三峡水库淹没范围有多大？淹没实物指标有多少？

三峡工程正常蓄水位 175m，水库总库容 393 亿 m^3。水库淹没涉及湖北省的宜昌县（现夷陵区）、秭归县、兴山县和巴东县，重庆市的巫山县、巫溪县、奉节县、云阳县、开县、万州区（天城、龙宝、五桥区）、忠县、石柱县、丰都县、涪陵区（枳城、李渡区）、武隆县、长寿区、渝北区、巴南区、重庆市区（北碚、江北、渝中、南岸、沙坪坝、大渡口、九龙坡）和江津市。涉及 13 座城镇（2 座城市、11 座县城），116 个集镇，277 个乡镇。水库（干流）回水总长 667km，水库面积 1084km^2，其中淹没陆域面积 632km^2。随着三峡工程设计研究工作的进展，几十年来对三峡水库淹没进行过多次调查。1991 年，根据国务院指示，长江水利委员会会同湖北、四川两省政府于 1991 年秋～1992 年春再次展开水库淹没实物指标调查。在库区各县成立了水库淹没实物指标联合调查组。长江水利委员会对淹没实物指标调查技术负责。在库区测设了水库土地淹没线和分级移民迁移线。根据移民迁移线以下的住房和当地公安部门发放的户口簿，逐户登记水库淹没人口及耕地等实物指标。根据调查，三峡水库人口迁移线以下居住的居民有 84.75 万人，其中农村居民 34.87 万人，城镇居民 42.64 万人，企业户口在厂者 7.24 万人。淹没工矿企业 1599 家，等级公路 816km，耕园地（含河滩地）2.79 万 hm^2。

71. 号称三峡工程“百万移民”是怎么一回事？

三峡水库淹没人口为 84.75 万人，为什么变成了“百万移民”呢？这是由于：第一，三峡工程从开工到建成需要 17 年时间，移民的搬迁安置也需要 10 多年时间，因此，需要考虑人口的自然增长。第二，库区群众的住房和耕地并不是都分布在同一高程上，有一部分群众的住房在水库淹没线以上而耕种的土地却在水库淹没线以下，这部分人的土地在淹没后需要给予生产安置。第三，三峡水库淹没涉及2座地级市、10座县城和114个集镇，水库淹没实物指标调查时只登记居住在水库淹没线以下的人口，有些没有全淹的城镇因城镇功能的需要，部分在淹没线以上的单位或居民也需要同时迁往城镇新址。第四，新城址需要占用土地，原来居住在这些土地上的农民需要重新安置，这部分人也成了移民。考虑了上述4种因素后，计算到2009年移民全部搬迁完毕时，库区总共需搬迁移民110.56万人，其中湖北省15.43万人，重庆市95.13万人。这就是“百万移民”一说的来历。

从移民个人的角度出发，安置的内容有两项。一是住房的搬迁安置，就是通常所说的“建房搬迁移民”110.56万人，其中城镇66.56万人，农村44.0万人。二是生产安置。对于城镇的工厂、商店来说，从水库淹没线以下搬迁到淹没线以上，原来的生产经营性质不受水库淹没影响，职工依然可以在原单位就业。而农村的土地（主要是耕园地）被水库淹没或被城镇迁建占用，就需要为这些失地的农民提供同等数量和质量的土地或者提供其他就业机会。三峡水库因失去土地需要进行“生产安置”的人口有40.50万。

72. 三峡水库库区移民安置工作的依据是什么?

1993年8月17日，时任总书记江泽民主持中央财经领导小组第七次会议，会议决定三峡水库移民实行“中央统一领导，两省（市）负责，县为基础”的管理体制。同年8月19日，时任国务院总理李鹏签发《长江三峡工程建设移民条例》。1994年6月18日，时任国务院副总理邹家华主持会议，研究三峡工程建设和移民问题，确定三峡工程移民立即实行分省负责、经费包干使用。1994年11月17日，国务院三峡工程建设委员会第四次全体会议批准了三峡工程移民总投资400亿元的“切块包干”方案，将其中的369.06亿元分到两省包干使用，湖北省53.51亿元，四川省（后改为重庆市）315.55亿元。从此，三峡工程移民工作实行“分省负责，经费包干，限额控制，严格管理”。分县移民安置规划由两省人民政府负责审批。1994年7月，长江三峡工程建设委员办公室批准了《长江三峡工程水库淹没处理及移民安置规划大纲》。1996年3月湖北省人民政府批准了修改后的四县移民安置规划报告。1997年上半年，四川省人民政府批准了分县移民规划报告，并将四川省三峡工程水库移民工作移交给重庆市人民政府。此后，长江水利委员会受国务院三峡工程建设委员会移民开发局委托，汇编了湖北省、重庆市及全库区的移民规划报告，同时编制了《三峡工程库区湖北省、重庆市移民迁建进度及分年投资计划专题报告》，经国务院三峡工程建设委员会批准，至1998年底，长江三峡工程移民安置规划全面完成，移民安置按照批准的规划方案有序实施，上述一系列文件就是库区移民安置的工作依据。

73. 三峡工程移民补偿投资为什么要“切块包干”？400 亿元移民补偿投资是怎样测算的？

长江三峡工程移民补偿投资关系到国家、地方、单位和移民个人的利益。移民补偿投资测算，切块包干使用，实行限额规划是中央关于搞好长江三峡工程移民的重大举措。移民补偿投资切块包干后，摆脱了移民补偿与地方发展难以界定的羁绊，结束了各部门无休止的争论。地方和设计单位由以前争指标、争项目、争标准、争规模转变为齐心协力做好规划，优化规划设计方案，为长江三峡工程水库移民规划和实施的顺利进行奠定了基础，也为长江三峡工程的正式开工铺平了道路。

长江水利委员会受中央委托，以 1991 年—1992 年的三峡水库淹没实物调查指标和可行性研究阶段的工作成果为基础，以湖北四县移民规划成果为基本依据，考虑国家相关政策调整的因素，按照国家各部委制定的相关规程、规范，经过充分的调查研究，确定移民工程建设规模和标准，综合分析测算移民补偿投资。

长江三峡工程移民静态补偿投资 400 亿元是以 1993 年 5 月价格为基础测算的，包括城乡移民搬迁安置、城镇基础设施建设、工矿企业搬迁、专业项目复建、移民安置区环境保护、文物保护、滑坡治理与监测、预备费、管理费、设计费、监理费、科研费等。

为了改善三峡库区生态与环境，推进三峡地区的经济持续、快速、健康发展，国家近几年来在移民补偿投资之外又投入巨资，鼓励农村移民外迁安置，治理库区地质灾害，在库区各县及县以上的城市建设污水处理厂和垃圾填埋场，建立长江三峡库区产业发展基金，帮助长江三峡库区进行产业结构调整等，并在政策上给予扶持。

74. 三峡工程移民投资是如何控制和管理的？

长江三峡工程水库移民实行“中央统一领导、两省（市）负责、县为基础”的管理体制，并实行移民任务和移民补偿投资双包干，发挥中央、地方和各迁建单位的积极性，明确各迁建单位的主体责任。将移民任务和补偿资金层层分解到移民迁建项目，经批准的移民安置规划不得随意变更或调整；强化移民工程建设的程序管理，严格履行基本建设程序，做好前期工作；移民工程项目管理推行迁建项目法人负责制、招标投标制、建设监理制和合同管理制度，认真进行竣工验收；建立移民资金会计、审计、稽查制度，确保移民资金专款专用。

1996 年 11 月，国务院三峡工程建设委员会移民局、财政部会计司和清华大学会计系研究制定了长江三峡工程移民会计制度，包括《基本会计规定》、《移民资金会计制度之一——会计科目和会计报表》、《移民管理机构会计制度》、《移民迁建单位会计制度之一——会计科目和会计报表》、《汇总会计报表》等，并于 1998 年 1 月 1 日正式试行。移民资金按批准的移民安置规划专户储存、专款专用，并接受监督。除国家每年进行移民资金审计和稽查外，还有纪检监察、财政监察、内部监督、群众监督、监理监督等。

移民投资实行“静态控制、动态管理”。切块包干到项目的补偿资金是以 1993 年 5 月价格计算的，从 1993 年 5 月到移民工程项目建设实施的时间间隔期内的物价上涨所引起的资金差额由国家给予补齐。国务院三峡工程建设委员会办公室计划资金司负责价差资金的管理工作，包括组织协调有关单位编制价差指数、成果评审、价差资金审批及配合有关部门检查、监督省（市）的价差管理工作。

75. 什么是开发性移民方针？三峡工程移民为什么要贯彻开发性移民方针？

1984年9月，李鹏同志在长江三峡工程筹备领导小组第二次会议上关于移民问题的讲话中指出："鉴于过去多年的移民经验，提出一个设想，就是把安置性移民改为开发性移民。"1986年7月29日，国务院转发水利电力部《关于抓紧处理水库移民问题的通知》中指出："水库移民工作必须从单纯安置补偿的传统中解脱出来，改消极赔偿为积极创业，变救济生活为扶助生产。使移民安置与库区建设结合起来，合理使用移民经费，提高投资效益，走开发性移民的路子"。

自改革开放以来，水库移民工作受到中央和各级政府的高度重视，国务院颁布的《长江三峡工程建设移民条例》对长江三峡工程移民实施开发性移民方针也作了明确的规定："长江三峡工程建设，实行开发性移民方针，统筹使用移民资金，合理开发资源，保护生态环境，妥善安置移民，使移民的生产、生活达到或者超过原有水平，为长江三峡库区经济和社会发展创造条件。"可见开发性移民方针是针对80年代以前的水库移民单纯补偿安置方式的弊端而提出来的，这是我国水库移民方式的重大改革和创新。用今天的认识看，它更合乎科学发展观，合乎社会主义市场经济规划的要求。开发性移民方针就是利用水库淹没补偿资金作为库区资源开发投资，加上相应的扶持政策，妥善安排好移民的生产出路，重建移民的生活家园，使每个移民都能发挥社会作用，移民区有比较齐全的生活设施和适宜的居住环境，新老居民的生活水平达到或者超过原有水平。移民才会搬得出、稳得住、能致富。

76. 三峡水库移民最大的难点是什么?

长江三峡工程水库移民最大的难点是失地的农村移民生产安置。长江三峡库区人口稠密，涉及的20个县（市）人口密度是325人/km^2，而淹没区人口密度是1336人/km^2。受淹河谷地带有较多的冲积平坝，土层深厚肥沃，水源灌溉条件好，交通比较便利，是水果、粮食、蔬菜的重要产区。淹没实物量较大的县（市），其县城都坐落在淹没区的长江或支流岸边，城镇辐射功能较强，淹没区农村经济比较发达。水库淹没及城镇迁建占用耕园地后，需要为失地的农村移民提供同等数量和质量的土地资源或新的就业机会，恢复原来的生产条件和生活水平。由于长江三峡库区普遍存在人多地少的矛盾，加上气候垂直差异较大，后靠区土层薄、土质差，山高水低，缺少灌溉设施，生态环境脆弱、农田易受山洪毁坏等，农村移民的生产安置受到很大的限制。

长江三峡工程初步设计阶段，长江三峡水库移民规划生产安置人口是40.50万，规划在库区后靠安置移民32.24万人，外迁出县安置8.26万人。为了保护库区的生态与环境，让移民安得稳、能致富，1998年中央对长江三峡水库移民安置方案作了重大调整，决定将外迁安置移民人数增加到12.5万人。现在政府组织的外迁移民人数达到14.67万人，加上自主外迁的3.26万人，实际外迁人数已经达到17.93万人。2004年，国务院批准了《长江三峡地区经济发展规划》，决定建立长江三峡库区产业发展基金，对于市场前景好、经济实力较强、无污染、诚信度高、能够吸收移民就业的企业，给予资金支持，为移民提供更多的就业渠道。

77. 三峡水库农村移民是如何安置的？

三峡水库共淹没耕园地2.79万hm^2，到2009年全库区共有生产安置人口40.50万。原来编制的水库移民规划主要在受淹涉及的县内安置称后靠安置，计32.24万人。出县外迁8.26万人，大多在本省（市）内安置。在后靠安置移民中，通过土地开垦、中低产田改造、有偿调整责任田等措施共筹集耕园地1.68万hm^2（25.15万亩），种植业安置移民19.67万人，移民人均耕地0.09hm^2（1.28亩）。其余移民通过发展养殖业、投亲靠友和自谋职业、养老基金等途径安置。通过淹没区防护工程保护土地面积1194.8hm^2（1.79万亩），也相应减少生产安置移民2.45万人。1998年大洪水发生后，为了更好地保护三峡库区的生态与环境，同时也为了使移民有更好的生活和致富条件，国务院制定专门政策，增加移民外迁数量。库区农村移民出县外迁安置人数因此增加至17.93万人，其中政府组织外迁14.67万人，自主分散外迁3.26万人。政府组织的外迁移民，湖北省秭归县、巴东县外迁移民在本省安置，重庆市巫山县、奉节县、云阳县、开县、忠县等5个县的外迁移民分别迁往广东省、安徽省、福建省、浙江省、江西省、上海市、江苏省、山东省、湖南省、四川省、湖北省安置。

库区农村共有建房搬迁人口 44.0 万。农村居民点建设除移民住房建设外，还有道路交通、给水排水、供电、邮电、广播电视、学校、医疗等基础设施。

78. 水库受淹城镇是怎么样搬迁的？

三峡水库淹没涉及 2 座地级市（万州、涪陵）和 10 座县城。除忠县、长寿 2 座县城和 2 座地级市属部分淹没外，其余 8 座县城基本属全淹。共有 114 个集镇受淹。

《长江三峡工程建设移民条例》第十六条规定：长江三峡工程建设需要迁移城镇的，应当做好新城选址工作，依法编制城市规划。新城选址，必须对水源、地震、滑坡、防洪、环境影响进行科学论证，进行必要的水文地质和工程地质勘查工作。新城的城市规划，应当对需要迁建的主要企业单位和主要公共建筑、港口、码头等确定具体位置。

1983 年—1984 年，中国城乡建设环境保护部委派中国城市规划设计研究院牵头，会同四川省城乡规划设计研究院、湖北省城市规划设计研究院共同完成 2 个城市和 8 个县城（秭归、巴东、巫山、奉节、云阳、万县、忠县、丰都）的初步选址工作。1992 年在国务院召开的长江三峡工程移民工作会议上决定由长江水利委员会负责编制《长江三峡工程水库淹没处理及移民安置规划报告》（初步设计阶段）。1992 年 ~ 1993 年，长江水利委员会会同地方人民政府对库区所有迁建城市和集镇新址进行了考察，提出了长江三峡水库正常蓄水位 175m 受淹城镇选址推荐意见和各县（市）的选址纪要。

库区的巴东、巫山、奉节 3 县，沿江地形破碎，多滑坡和崩塌体，地质情况十分复杂，能连成片的城市可建设用地少，城市选址极为困难，其中奉节县城几易新址。

城镇的迁建规划适度地考虑了发展需要，用地规模根据国家有关标准确定，城区道路、给水、排水、燃气管道、电力、电讯、广播电视、街道绿化等基础设施符合国家规定的要求。已建成的新城镇与原来的旧城镇有天壤之别，令人有隔世之感。

城镇居民房屋按照原有结构、原有建筑面积，按重置价给予补偿。很多移民利用补偿资金，凑上自己的积蓄，在新城区住上新房。新房不但面积变大了，居住环境也得到明显改善。

79. 水库淹没的企业是怎样搬迁安置的？

在淹没涉及的1599家企业中，大型企业6家，中型26家，小型1567家。原来的“规划”是按原功能，原规模搬迁。时任国务院总理朱基指出，应当遵循市场经济的规律，产业调整的要求作出新的合理的安排。在国家产业政策指导下自主选择复建改建方案。通过对口支援与名优企业合作、合资，进行组合搬迁。对于一些设备陈旧、工艺落后、污染严重、产品不能适应市场的企业可以关、停、并、转，资不抵债的企业可以申请破产。企业无论是搬迁还是采用其他方式处理，国家一律按“原规模、原标准、原功能”的原则和重置价给予一次性补偿。企业补偿投资包括迁建新址征地费，建设场地平整费，房屋、设施和不可搬迁设备的重置补偿，可搬迁设备的拆卸、运输、安装、调试费，停产损失补助和流动资产的搬迁费等。镇外企业还包括对外连接道路、输电线路等基础设施的配套费用。企业改造、改建、扩建等所需的资金原则上由企业自己解决，国家在政策上给予支持。

80. “专业项目”复建遵循的原则是什么？

库区被淹没或受淹没影响的项目，如公路、桥梁、港口、码头、电力、电讯、广播电视、水利水电设施、水文站、测量永久标志、文物古迹等，叫做“专业项目”。长江三峡工程建设移民条例规定：“长江三峡水库库区受淹的专业项目复（改）建应根据受淹对象原有的规模、标准或为恢复原功能进行规划，所需投资列入移民补偿投资”。“因扩大规模和提高标准需要增加投资，由有关单位自行解决。”这就是“专业项目”复建时经费处理上应遵循原则。原规模、原标准、原功能的“三原则”并不是简单地照原有式样复制，由于复建项目的建设地点或起止点发生了变化，地形地貌、水文气候条件也不尽相同，照搬原有的式样是不可能办到的。同时，专业项目的复建应与水库移民安置相结合，必须在原规模、原标准和原功能的基础上考虑移民安置区人口重新分布的需要，库区经济和社会发展的需要。一般来说，实施的建设方案都会在原来的基础上有不同程度的发展。

81. 三峡库区的文物古迹是如何保护的?

长江三峡库区的文物古迹是中华民族的历史财富，国家确定了“重点发掘、重点保护”的方针。按照国务院长江三峡工程建设委员会的要求，由国家文物局委派中国历史博物馆和中国文物研究所组成长江三峡工程库区文物保护规划组，负责长江三峡工程库区文物保护规划的制定工作。1994 ~ 1995 年，来自全国 30 余个文物科研机构和高等院校的专业人员参加了长江三峡库区文物保护规划的调查、勘察工作。根据勘察统计，长江三峡水库淹没及移民迁建区内的文物点 1282 处，规划文

物保护措施的文物点 1175 处，各类文物保护项目 1467 项。地面文物采取原地保护、搬迁保护和留取资料，地下文物采取考古发掘、考古勘探和登记建档等保护措施。

云阳县的张恒侯庙（俗称张飞庙）、忠县的石宝寨、涪陵的白鹤梁是长江三峡库区最引人关注的 3 处文物。张飞庙已迁至云阳县新城（原双江镇）对面的长江岸边复建。涪陵市长江水下白鹤梁水文石刻，记载了唐代以来 1000 多年的长江枯水水文情况，具有重要的历史价值，已建成深水游览馆。忠县石宝寨采用工程措施进行防护。

82. 三峡水库库底清理做些什么？

为保证长江三峡水库水质不受到污染，保证水库的运行安全，有利于水库水域的开发利用，需要在水库蓄水前对水库库底进行清理。

库底清理包括拆除建筑物和构筑物，爆破一些碍航礁石，封堵水库消落区的水井、隧道、人防工事、井巷工程等地下建筑物；对库底的厕所、畜厩、垃圾场、医院、工厂的污染源进行消毒填埋或运出库外；对于埋葬时间在15年以内的坟墓迁出库底，并对墓穴进行消毒处理；库底的林木果园及零星树木砍伐后运出，残余的枝条进行清理、焚毁。

83. 三峡工程水库移民与以前的水库移民有哪些不同？

长江三峡工程水库移民第一个特点是中央政府及国家领导人对长江三峡工程水库移民工作十分重视，并指出："长江三峡工程成败的关键在移民"。在总结以往水库移民经验的基础上，中央首次提出了开发性移民方针，完成了从补偿性移民到开发性移民的根本转变，制定了对口支援等一系列优惠政策。国务院颁布了《长江三峡工程建设移民条例》，在我国水库移民中对某一水电工程单独制定条例这是唯一的，为正确处理地方经济发展与水库移民的关系，处理国家与地方、业主与移民的利益提供了法律依据。

第二个特点是研究历史之长是前所未有的。早在1945年，当时的国家资源委员会邀请有关单位组成了长江三峡水力发电计划技术委员会，对库区各县的淹没情况进行调查。1949年后，为配合水库水位论证，长江水利委员会进行过多次水库淹没实物指标调查。1984年长江水利委员会对长江三峡水库150m方案水库淹没实物指标进行了全面调查。1986年长江三峡工程进入重新论证阶段后，在长江三峡工程论证领导小组的主持下，长江水利委员会复核了150m、160m、170m、180m四级水库坝前水位的淹没实物指标，配合移民专家组以175m水位方案为长江三峡工程的代表方案完成了《长江三峡工程移民专题论证报告》。

第三个特点是长江三峡工程水库移民研究范围之广也是别的水库移民所不能与之相比的。移民专题论证和研究，有全国的水库移民工程知名专家、专业技术人员和库区各级政府的参与，并有了8年的试点经验。水库淹没处理及移民安置规划作为长江三峡工程设计文件的重要组成部分，进行了系统全面的规划设计。在农村移民安置方面，进行了移民安置区环境容量分析；提出了移民技术培训规划；提出了完整的农村居民点和城镇迁建基础设施规划设计，如道路、给水、排水、燃气、电力、电讯、广播电视。根据我国改革开放和经济体制转型的国情，在工矿企业迁建中按照国家政策，对污染严重、效益较差的企业实行关、停、并、转，促进了地方的经济发展，保护了生态、环境和资源。除在库区进行完整的库底清理外，县一级城市全部建设了污水处理厂，关闭污染企业。国家拨巨款对长江三峡库区坍岸、滑坡进行处理，将移民工程勘测规划设计费、监理费、科研费、预备费等列入概算，与以前水库移民安置相比，法规更加完善，措施更加具体，便于实施，规划设计深度也得到提高。

84. 水库移民实施情况如何？

10 多年来，三峡水库移民实施情况是比较好的，进展比较顺利。截至 2005 年 12 月，已搬迁城乡移民 102.43 万人，其中属于“移民规划”之内的为 95.10 万人，占其任务总数的 86%；“移民规划”之外搬迁的 7.32 万人，约占规划搬迁人口数的 7.7%。到 2005 年底已经还建房屋面积 3235.66 万 m^2。其中属于“移民规划”之内的为 3136.87 万 m^2，约占规划迁建房屋总面积的 85.1%。已经还建的房屋面积比重与已经搬迁的人口比重基本相当。

三峡水库移民补偿投资 400 亿元之中，湖北省和重庆市所属的移民工程项目投资为 330.75 亿元，长江航道设施、沪汉成通信线等跨省（市）工程项目和文物古迹保护发掘、基本预备费等投资 69.25 亿元。在移民实施过程中国家鼓励三峡库区移民外迁，在 400 亿元之外增加了 7000 元 / 人的外迁移民补助费。期间，国家颁布了新的《土地管理法》，三峡水库农村移民的土地补偿费也相应地得到增加。因而两省（市）三峡水库移民工程项目投资在原基础之上增加了54.56亿元，达到385.31亿元（1993年5月静态投资）。到2005年底，两省（市）累计完成动态投资448.67亿元，折合1993年5月静态投资为340.40亿元，占移民工程项目补偿投资（扣除）的88.35%。

党中央国务院十分关心三峡移民工作，关怀三峡移民的生产生活，为促进库区经济发展，为使移民脱贫致富，及时采取了许多新措施。如国务院号召有关部门和省、自治区、直辖市按照“优势互补、互惠互利，长期合作，共同发展”的原则，围绕长江三峡库区特色优势产业发展和产业结构调整，以引进项目、资金、技术、管理、人才为重点，全方位、多形式、宽领域地开展对口支援工作。采取多种形式鼓励名优企业到长江三峡库区投资建厂，并从教育、文化、科技、人才、管理、信息、资金、物质等方面对口支援长江三峡库区移民。全国已有26个省（市）分别支援库区的有20个县（区）。

各受援县市和支援省市对应如下表：

长江三峡库区受援县（市）	重点支援省（市）
宜昌县	黑龙江省、上海市、青岛市
秭归县	湖北省、江苏省
兴山县	湖南省、大连市
巴东县	北京市
巫山县	广东省
奉节县	吉林省
云阳县	辽宁省
开县	江苏省
龙宝区（原万县市）	四川省
天城区（原万县）	天津市、南京市、厦门市
五桥区（原万县）	福建市
忠县	上海市、宁波市
石柱县	云南省

长江三峡库区受援县（市）	重点支援省（市）
丰都县	河北省
涪陵县	浙江省
武隆区	江西省、云南省
长寿县	广西壮族自治区
江北（现重庆市渝北区）	安徽省
巴县（现重庆市巴南区）	河南省

2006年9月，三峡水库已蓄水至初期水位156m，目前156m水位以下的迁民迁移安置工作已全部完成。10多年来，三峡水库存百万移民舍小家，为大家的“移民精神”深受党和政府全国人民的赞扬，他们的功迹将永载史册。

三峡库区文物保护

85. 请介绍三峡地区文物保护简史。

三峡地区文物保护的最早时间已不可考，根据现有资料，20 世纪 30 年代就有美国人在三峡地区进行考古调查并发表相关资料。

为配合三峡工程、丹江口水库建设和长江流域大规模的基本建设，1958 年中央文化部、中国科学院和长江水利委员会共同组建“长江流域规划办公室文物考古队”（现名长江委文物考古队），并在沿江 14 个省（市）文化局成立分队，以协调、组织和实施三峡工程、丹江口水库和其他大型建设工程的文物保护工作。

近 50 年来，在三峡地区开展大规模文物考古工作有 4 次。

第一次大规模考古工作是在 20 世纪 50 年代至 60 年代中期配合三峡工程前期工作而进行的。长江委多次组织中国科学院考古研究所和湖北、四川两省文物部门文物在三峡地区进行考古工作，共发现文物点 179 处。并对巫山县大溪遗址、忠县甘井沟等遗址进行发掘，初步认识了后来被命名为“大溪文化”的新石器时代遗存和以甘井沟遗存为代表的三峡地区夏、商和西周三代时期文化遗存，云遮雾罩的三峡历史文化神秘面纱由此掀开了一角。

第二次大规模文物考古工作是配合葛洲坝工程建设而进行的。从 20 世纪 70 年代初开始至 80 年代上半叶 10 余年间，考古工作者在这一带清理两处古墓群，共发掘古墓葬 106 座；发掘古遗址 10 处，面积共 1269 m^2；同时搬迁保护 3 处、原地保护 1 处地面文物。初步展现了西陵峡地区古代文化的基本面貌。

第三次大规模文物考古工作是配合三峡工程坝区建设进行的。从 20 世纪 80 年代中期至 90 年代初，国家文物局组织队伍在三峡坝区一带进行考古发掘，共发掘 17 处遗址，发掘面积 5015m^2。并对 1 处建于清代末年的民居进行原地保护。初步建立起西陵峡区距今 8000 年以来的考古学文化时空框架。

第四次更大规模的三峡库区文物考古工作从 20 世纪 90 年代开始，国务院三峡工程建设委员会批准 1093 处文物为三峡库区文物保护范围，并批准对这些文物的保护方案。

10 多年来，近百家文物考古单位、数千名科技人员跋涉在库区的山山水水，为三峡地区文化遗产的保护做出自己的贡献。

新中国成立后 50 多年的三峡工程文物保护史说明：三峡地区文物保护工作与三峡工程工作同步，换言之，三峡地区文物保护历史的主线，就是一部配合三峡工程建设而进行的文化遗产保护史。

86. 以白鹤梁题刻为代表的三峡水文考古工作的历程、成就，以及在三峡水文文物保护过程中的启迪是什么？

“水文考古”，即运用历史文献、碑刻题记、古建筑和考古资料中有关历史水文遗迹来探寻其规律的调查、整理和研究工作。

水文考古是三峡工程前期工作中文物保护工作的一项创举。从 20 世纪 50 年代初至 80 年代初的 30 余年间，长江委一直未间断地开展三峡地区历史水文资料的调查、整理和研究，其中大规模的地毯式野外调查就有 1956、1959、1966、1972 ~ 1975 等年份。从 1971 年开始，长江委水文局、长江委文物考古队还与各地文物部门积极配合，对宜昌至重庆的长江三峡河段进行了多次地毯式的历史洪水和历史枯水调查工作。

历年调查共发现唐广德二年（公元 764 年）至中华民国时期（1912 ~ 1949 年）1000 多年间枯水石刻、宋绍兴二十三年（公元 1153 年）至清 800 年间的洪水石刻共 300 多段。其中最著名的是涪陵市白鹤梁题刻，该题刻上共有文字题刻 160 余段，3 万余字，其中刻录枯水记录 108 段，记载了自 1200 年间 72 个枯水年份水位资料和当地农业欠丰情

况。另在云阳张恒侯庙、宜昌黄陵庙等建筑物上也发现历史长江大洪水留下的印迹。

这些发现为近千年来的长江三峡水文过程、探索三峡水文规律提供了重要的科学资料，从而成为葛洲坝工程、三峡工程的水文设计的可靠依据，同时为沿江城市的建设、防洪、航运提供了极为宝贵的第一手资料。与此同时，这些水文题刻成为三峡地区工程建设者和文物工作者们如数家珍的财产，也为三峡地区增添了20多处县（市）级文物保护单位和第一处国家级文物保护单位——白鹤梁题刻。

1967年以后，工程建设者与文物考古工作者在更大的范围内合作，除了继续水文石刻题刻的调查以外，还对沿江古建筑的沿革和碑文记载、古遗址文化层中的洪水泥沙沉积、河床变迁、历史地震等进行调查和研究，并取得了一系列成果。

1973年春，国家文物局、中国科学院考古研究所和长江委在武汉召开"第四次长江流域文物考古工作座谈会"，会议总结了长江流域文物考古、水文、地震工作者在水文、河道变迁、地震等方面所做的工作，号召长江流域的文物部门和水利建设部门加强协作，紧密配合长江水利水电建设，提供科学的历史资料，更好地为社会主义建设服务，“要求文物考古工作者进一步落实毛主席‘古为今用’的伟大方针，使文物考古工作更好地为无产阶级政治和社会主义建设服务”。

1976年，长江委文物考古队与上海博物馆、重庆市博物馆在北京故宫和全国各地举办了“长江水文考古展览”，向国内外观众介绍了所取得的成绩和经验，得到了广泛的重视和好评。

1978年春，长江三峡水文考古成果获“全国科学大会奖”。

1981年《国务院关于进一步加强文物工作的通知》中对水文考古等新生事物给予高度评价：“60年代以来，文物考古工作者运用考古学手段，考察古代水文、地震、沙漠变迁等，开拓了文物考古学应用的新领域，并在国际上产生了积极的影响。”《通知》号召“广开思路，勇于探索，继续开辟文物工作直接为社会主义经济建设服务的新途径”。

由于三峡工程水文设计的完成，对三峡地区水文题刻的调查和研究告一段落，自此以后，不少三峡水文文物面临自然破坏和被人们遗忘的危机。根据长江委水文局1996年对三峡水文文物的复查结果，三峡库区174处洪水题刻中已有89段被毁坏，占已发现洪水题刻的半数以上。而其中年代最长的忠县忠州镇选溪沟1153年(宋绍兴23年)洪水题刻(见下图)因城市建设而被填埋。而白鹤梁上的163段题刻中，也有相当一部分被破坏。

三峡水文文物保护的演化过程告诉我们：①文物的产生与其他人工事物的产生一样，都是在社会需要的条件下出现，并随着社会的需求而扩大或者萎缩；②某类文物的大批量产生需要新的视野和对某一领域的深入研究，需要发掘“物”中的“文化”含量；③具体的文物物件是不可再生的，但作为人类社会见证物的文物则会随着人类社会的向前发展而不断产生，并随着自然条件的变化和时代的变迁而必然有所消亡。

87. 被列入三峡工程文物保护范围的文物有多少？如何分类？保护工程量有多少？

被列入三峡工程文物保护范围的文物总共1117处，其中坝区24处；库区1093处(三峡建委2000年批准1087处、2005年补批巴东平阳坝6处)。

1117处文物分为地下文物和地面文物两类，其中地下文物共752处(坝区23处、库区729处)、地面文物365处(坝区1处、库区364处)，详见表1。

表1　　三峡工程文物保护项目统计表　　单位：处

项目	地下文物	地面文物	小计	备注
三峡坝区	23	1	24	
三峡库区	723	364	1087	
	6		6	2005年补批
合计	752	365	1117	

723处地下文物可分为：古人类与古生物地点、古遗址、采集点、古墓葬、古城址、古窑址等6类。其中古人类与古生物地点60处、古遗址338处、采集点6处、古墓群295处、古城址8处、古窑址16处。

在364处地面文物点中，属于三峡工程立项之年的1994年（含1994年）以前公布的法定文物保护单位共102处，占全部364处地面文物点的28%，其中国家级1处（白鹤梁题刻）、省级6处（秭归县屈原祠、奉节县白帝城、云阳县张恒侯庙、忠县石宝寨、丁房阙、无名阙）、县（市）级96处。其中记载有历史水文信息的"水文文物"14处[国家级1处、县（市）级13处]，占13.7%。

365处文物点可分为古民居，寺庙，官署、学堂、楼阁、牌坊、磨坊、塔、亭、石阙、老街区，古桥梁，古城门及城墙，石刻造像题刻，革命文物和其他等 7 类。

地下文物的保护方案有考古发掘、考古勘探(普通勘探和重点勘探)、登记建档 3 种。752 处地下文物规划进行考古发掘 189.16 万 m^2 规划在库区进行考古勘探 1686.90 万 m^2。详见表 2。

表 2　　三峡工程地下文物保护工程量表　　单位：万㎡

项目	处数	考古发掘	考古勘探
三峡坝区	23	0.50	
三峡库区	729	188.66	1686.90
合计	752	189.16	1686.90

地面文物保护方案有搬迁保护、原地保护 (含原地保护、异地复制) 和留取资料 3 种。365 处地面文物规划搬迁保护 133 处，搬迁建筑面积 50331 m^2；原地保护 63 处，建筑面积 26811 m^2；留取资料 169 处，建筑面积 62419 m^2。详见表 3。

表 3　　三峡工程地面文物保护工程量表　　单位：㎡

项目	保护方案	处数	建筑面积
三峡坝区	原地保护	1	400
三峡库区	搬迁	133	50331
	原地保护	62	11122
	留取资料	169	62419
合计	搬迁	133	50331
	原地保护	63	11522
	留取资料	169	62419
总计		365	124272

如此大规模的文物保护工作，无论是地面文物的搬迁复制的数量、搬迁复制面积，或者地下文物的考古发掘、考古勘探面积，都远超新中国成立后 50 多年配合基本建设文物保护工作的工程量之总和。也就是说，三峡工程文物保护工作的力度在中国文物保护史上是空前的。

88. 国家对三峡库区文物点的认定，对文物保护方案和保护工程量的确定做了哪些工作？

1979 年～1983 年，长江委文物考古队合同四川、湖北两省文物研究单位对三峡库区淹没区进行文物实物指标调查，确定库区共有文物点 250 多处。

1992 年 6 月，国家文物局推出《三峡工程淹没区文物保护规划大纲》。大纲提出：三峡库区共有文物点 828 处（地下文物 445 处，地面文物 383 处）。

1993 年底，国家文物局组织全国文物考古力量进入三峡进行文物保护前期工作。在三峡建委办公室、国家文物局指导下，1995 年 3 月，作为三峡工程规划设计总承单位的长江水利委员会设计院和两省（市）移民局共同与中国历史博物馆、中国文物研究所组成的三峡文物保护规划组签订三峡库区文物保护规划合同。

1996 年 3～6 月，三峡文物规划组陆续提交我国第一套把工程建设与文物保护技术规范相结合的《长江三峡工程淹没及迁建区文物古迹保护规划报告》共 31 本。提出三峡工程淹没区及迁建区共有文物点 1282 处（地下文物 829 处、地面文物 453 处）。

1996 年 10 月，国务院明确三峡文物保护工作由国务院三峡工程建设委员会（简称“三峡建委”）统一领导，湖北省、重庆市人民政府负责组织实施。

1998 年 9 月，三峡建委办公室召开“《长江三峡工程淹没及迁建区文物古迹保护规划报告》专家论证会”。

1999 年 4 月，按三峡建委办公室要求，作为文物规划甲方的长江委设计院在剔除不属于三峡库区迁建区范围文物点、开展价值评估、进行单价测算分析等基础工作上，提出《三峡文物保护经费测算报告》。

2000 年 6 月三峡建委正式批准《三峡工程淹没区及迁建区文物保护规划》，将 1087 项文物纳入三峡工程保护范围，同时批准这些文物的保护方案。

2003 年 3 月，三峡建委批准三峡文物保护资金切块包干方案，批准除白鹤梁、石宝寨、张恒侯庙和屈原祠 4 项以外的 1083 处文物保护经费共 50587.84 万元。以后又陆续批准四项文物经费，1087 项文物的总投资为 71820.60 万元（1993 年价）。

2005 年，三峡建委批准巴东县平阳坝 6 处文物纳入三峡工程文物保护范围，保护经费 214 万元。

89. 文物保护工作的工作进度是否能满足三峡工程 156m 水位蓄水的总体要求？

总体来说，三峡工程文物保护工作的总体进度可以满足三峡工程 156m 水位蓄水的要求。

至 2005 年底，三峡库区考古发掘面积已完成规划量的约 90%、考古勘探面积已完成规划量的约 85%；地面文物搬迁复建量已完成规划量的约 50%、原地保护方案计划量的 87%、留取资料方案计划量的 93%。

经过 10 多年的努力，三峡工程文物保护工作取得了巨大的成就。但与此同时，主要由于过大的保护工程量，某些工作进度和工作质量并不尽如人意。例如，地下文物考古发掘成果发表量和规划出版量、地面文物的搬迁复建量这类技术含量较高的工作完成量都比原计划低了不少。但这些问题均属于有待于完善的工作，因此不影响三峡工程 156m 水位蓄水的要求。

90. 对三峡库区的白鹤梁、石宝寨、张恒侯庙等文物古迹是如何保护的？

白鹤梁、石宝寨、张恒侯庙三项工程由于文物保护级别高、保护工程量大，而倍受世人关注，被称为三峡库区文物保护的“三大项”。

（1）白鹤梁题刻

保留了自唐广德二年（公元 764 年）至民国间的 163 段题刻，记载了长江三峡干流 1200 多年间 72 个年份的 108 段枯水记录。这些记录为葛洲坝工程、三峡工程的水文设计提供了重要的依据，也为长江中上游地区城市建设、防洪、气象和航运等提供了宝贵的历史水文资料。

白鹤梁题刻采用中国工程院葛修润院士提出的无压力容量原理水下保护工程，工程主要包括水下保护体、交通及参观廊道、地面陈列馆 3 部分，工程总投资 12323.24 万元（折合 1993 年静态价 9219.15 万元）。工程为一级建筑物，耐久年限为 100 年。

2001 年—2004 年完成了留取资料和梁体勘测工作，实施了导墙基础钻孔、保护体的防撞墩施工，以及为拓宽航道进行的洗手梁、坳马石炸礁和上下游纵向围堰填筑等工程，并通过了专家验收。

该工程的难点在于水下保护工程 (A 标段)，工程技术要求高，施工难度大，并且只能在长江枯水期施工。工程于 2003 年 2 月开工，2005 年 12 月国家文物局批准了调整工程设计和施工组织设计。目前主体结构工程已按期完成，工程质量良好。

（2）石宝寨

石宝寨“护坡加钢闸门”方案。

2005 年 4 月国家文物局批复了《石宝寨保护工程初步设计报告》，2005 年 11 月国务院三峡建设委员会批复保护工程投资概算 9797.77 万元（2005 年价格，其中三峡移民经费 9292.51 万元，折合静态 6951.83

万元；重庆市自筹 505.26 万元）。

石宝寨保护工程由五部分组成，即围堤护坡工程、危岩治理工程、交通桥工程、古建筑维修工程和配套建筑及环境绿化工程。

2005 年 12 月 28 日工程正式开工，原计划 2006 年 6 月 30 日完成 156m 水位以下全部工程。但由于部分地段地质条件勘察结果与实际差异较大，导致变更设计方案以及施工组织措施，影响工程进度。目前已完成计划工程量的 60%。

（3）张桓侯庙

俗称张飞庙，据地方志始建年代不晚于宋宣和七年（公元 1125 年），清同治九年（公元 1870 年）的特大洪水中几乎被彻底毁坏。现存建筑主要是在清同治年间至 1979 年文革后陆续补建。

2001 年清华大学建筑设计院完成了对张桓侯庙的测绘和搬迁复建设计，2002 年 12 月原张桓侯庙完成拆迁，2003 年 2 月开工复建，2003 年 7 月 18 日主体工程完工。云阳张桓侯庙复建工程按预定工期完工，并于完工的次日对外开放接待游客，发挥了搬迁复建文物的功能，并产生经济效益。

该项目规划概算经费 4042.89 万元（2002 年价格，折合静态 3103.95 万元），实际完成总投资 3863.89 万元，工程结算总投资低于规划投资 179.00 万元。

91. 三峡工程文物保护工作取得哪些重要成果？

10多年来，在国务院三峡工程建设委员会、国家文物局以及库区各级政府的领导下，在全国文物考古队伍的积极努力下，三峡工程文物保护工作获得很大成就，主要体现在：

（1）文物保护工作程序和管理体制上的创新

三峡工程文物保护工作的10多年，正是我国建设工程投资、管理体制深化改革、文化体制改革起步的历史时期，转型时期的多重矛盾曾给三峡库区文物保护带来困惑，也由此获得解决问题的新方法，从而引发制度上的创新。

①首创在工程建设可行性阶段制定文物保护规划

无论现行的《中华人民共和国文物保护法》，还是工程建设规范，均未明确规定将文物保护规划工作纳入建设工程的设计阶段。三峡库区首次通过制定文物保护规划将建设工程技术规范与文物保护技术规范结合起来，使三峡库区文物保护工作有章可循，具有可操作性，为后续的量化管理带来便利。

②建立健全管理体制，将工程建设管理体制引入文物保护工程

根据三峡建委要求，湖北省、重庆市人民政府责成省（市）文物部门承担具体组织协调和实施工作。两省市文物局根据本省（市）工作实际情况，补充制定了相应的管理制度，如重庆市、湖北省政府拟定了文物保护管理制度。

在工作中，两省（市）文物局建立并不断完善项目合同管理制，地面文物工程的搬迁保护方案尝试招标投标制，部分大型项目还实行竣工验收制、图纸会审制、技术交底及设计变更确认制、项目结项审计制等，以保证文物保护的工程质量。

③首创文物保护监理制度

库区地面文物的搬迁保护工程全面实行项目监理制。重庆市首创我国地下文物考古工作项目监理制度，并在合同管理、技术规范等方面保证这一新生事物的有效开展。

三峡建委还委托中介机构对库区文物保护工程进行综合监理，对工程的质量、进度和资金使用进行跟踪，及时反馈信息。

由于三峡工程的示范性，上述工作程序和管理体制已被南水北调等工程文物保护工作所借鉴。

（2）地下文物考古发掘喜获重大成果

由于三峡地域生态环境容量的不足，历史文化与其他地区相比在物质文化层面上显得较为粗糙落后，加上三峡地区在汉代以前的文明演进模式与其他地区有着明显的差异，长期以来难以为学界所认识，文物考古工作的起步晚于其他地区，除了配合三峡工程前期工作和葛洲坝工程所开展的工作以外，至三峡工程开工前，学术界对三峡地区考古学文化的认识还停留在半处女地状态。

20世纪50年代末，为配合三峡工程建设的前期工作，学术界开始全面清理三峡文化遗产，历经了配合葛洲坝工程、三峡工程施工区建设的文物保护工作，人们初步建立起西陵峡区几千年以来文化的时空框架。而更大规模的三峡库区文物保护工程则提供了中国文物保护史上前所未有的文化遗产保护力度，并开阔了文化视野。

三峡库区大规模考古工作带来了一系列重要考古收获：丰都高家镇、奉节横路等遗址的发现将三峡地区早期人类的活动追溯到距今10多万年以前；除了继续完善鄂西地区8500年以来的考古学文化序列以外，在库区西部建立起渝中地区以玉溪遗址、哨棚嘴遗址、万州苏和平等遗址为代表的7000年以来新石器时代文化的年代框架；秭归何光咀、万州中坝子、涪陵蔺市遗址揭示夏商周三代时期巴蜀、华夏诸部族文化在库区交流、碰撞的史迹；云阳李家坝、巫山双堰塘遗址揭示了春秋战国时期，巴、楚诸部族文化势力在库区的进退消长；丰富的汉、六朝墓葬说明了此时的库区文化已融入中华民族的文化版图；汉晋云阳县朐忍县城、唐代集镇云阳县明月坝遗址、宋代巴东县城的发掘是城镇考古学上的突破；丰都沿江的庙背后等宋代冶锌遗址当是我国目前所发现的、最早的冶锌遗存等。

1998 年 ~ 2005 年，库区共有 4 项考古发掘成果发现被评为当年的全国十大考古发现：1998 年度的忠县中坝遗址；2002 年度的巴东县旧县坪遗址；2003 年度的云阳县李家坝遗址和 2005 年度的云阳县旧县坪遗址。

（3）地面文物保护有望成为库区新的经济增长点

133 处地面文物的搬迁保护形成了新的人文景观，2003 年 7 月建成的张恒侯庙已经对游客开放；秭归凤凰山上集中了从秭归县库区各地搬迁复建的 37 处古建筑，不仅是三峡库首重要的古文化展示研究中心，而且已经成为库区旅游业的新景点。通过诸如对云阳县盘石城、龙脊石的开发，以及白鹤梁题刻的地面陈列室和水下“龙宫”展厅的建设等最能体现三峡地域的传统建筑的完建并投入使用，在三峡工程蓄水后陆续新形成一批文化底蕴丰厚的文物景观，既保留了峡江城镇文化发展的历史印记，又延续了峡江地区城市发展的历史文脉。这些文物景观，已经或即将成为三峡库区文化和经济发展的新的增长点，必将促进和带动相关产业的发展。

（4）档案管理及出土文物保管

两省市文物管理部门专门设立了三峡文物保护资料档案室，保存了大量的档案资料，规范化的档案管理保证文物资料的永续性保护和利用。

大规模考古发掘出土了包括距今7000多年的新石器时代以来至明清时期的不同时代、不同文化的陶、玉、石、铜、铁、瓷器等文物。根据两省文物部门的报道，全库区共出土一般文物标本20.3万余件（其中重庆14.3万余件，湖北6万件），共修复文物1.3万余件（其中重庆8000余件，湖北5000余件）。

92. 从三峡文物所揭示的三峡地区在中国历史上的作用是什么？

如果以挖宝的思想来看待三峡文物可能会有所失望，因为三峡地区山高水险的生态环境决定了三峡地区不可能产生高度发达的古代文明，不可能大量出土高等级的精美文物。我赞成何努博士用廊道理论解释三峡地区古代文明形成的原因：三峡廊道遵循“文丘里效应”——所有廊道的能流、物质流、物种流和信息流，都以高密度、高流速和少停留的方式通过，这种廊道形态决定了三峡峡区内不可能凝聚和沉淀丰厚的文化底蕴，“在聚落形态上表现为数量少、面积小、遗址低等级，文化水平相对落后于平原或其他地区。”

然而出土文物的数量和现行文物等级标准并不能反映一个地区历史文化的重要性。从科学的考古学角度看问题，每一方土地都有自己的奥秘，都有自己独一无二的文化形态，及区别于其他地区的文明进程。从中华民族多元一体发展的视野看，三峡文化同样是中华民族文化中不可或缺的瑰宝。三峡地区及周边地区的考古学发现和初步研究证明，对三峡地区这类文化过渡区域的深入探究，才可能完整回答中华大地上“万国林立”的诸部族是如何在不同文明形态、不同文明演进过程中殊途同归，最终融入中华民族大家庭。

三峡地区文物考古学工作的重大意义在于三峡地区独特的地理位置所决定的独特作用，三峡工程文物保护工作应当解决的问题主要围绕着：

①三峡地区位于人类起源、农业起源理想环境的“山前地带”，其在中国人类起源、农业起源中所起的作用如何？②数千年来三峡地区是面向海洋的东部族群和面向内陆的西部族群的文化交流、冲突和交融的区域，其所起的桥梁作用是用的什么方式，有多大作用？③不甚发达的三峡原居民，是如何在与不同部族人们的不断碰撞交流中步入文明社会、融入中华民族大熔炉的？

93. 三峡工程文物保护工程在中国文物保护史上的地位和作用是什么？

三峡工程文物保护工作是我国有史以来最大规模的民族文化遗产发掘保护工程，也是文物保护时间最长、保护范围最广、保护工程量最大、参与队伍与人员最众且投入资金最多的巨型文物保护工程，是中国文物保护史上的一个里程碑。

三峡工程的建设过程处于我国经济体制从计划经济向社会主义市场经济的转型过程，三峡文物保护工作在纳入三峡工程现代化建设管理体制的过程中，其工作程序、管理体制、中介机构的植入等创新制度已经为其他工程如南水北调工程文物保护工作所借鉴。

三峡工程文物保护工作过程正处于我国经济腾飞，国力迅速增长的历史时期，国家和人民对文化遗产的保护意识有了很大的提高，也使考古工作者在文物保护的理念、方法和手段上也有长足的发展。因此党和国家能够提供足够的资金保护三峡文物，同时能够使用更多的方法保护这些不可再生的三峡地区历史记忆。

94. 作为从事三峡地区文物考古工作 30 年的学者，你对三峡工程文物保护工作的最深感受是什么？最大的遗憾是什么？最热切的期盼是什么？

最深的感受是，三峡工程文物保护工作是中国文物考古工作黄金时代中的黄金工程。30 多年前我们在三峡开展文物考古工作，绝大部分行程都是徒步进行的，因洪水、气候等原因舟旅被困是常有的事。而今天的三峡文物考古工作上体现了大气派、大手笔，使用最先进的技术保护古老的文明，显示出国家经济实力的强大，也表达国家对中华民族古代文明高度负责的态度。

最大的遗憾是，三峡工程文物保护的手段仍主要体现在“物”的层面上对“文”的挖掘乏力；而且缺乏足够的课题意识、精品意识。

用量化的方式衡量优劣是自然科学界常用的手段，而主要用量化的方式，如考古发掘量、出土文物数量和搬迁复建量来衡量一个工程文物保护的力度，是不合理的。因为物的迁移量不等同文化信息的转移量，考古发掘、文物搬迁复建只是手段而不是目的，文物保护优劣的标志是文化信息量获得的多寡。

例如，对巫山县大昌古城的搬迁只注重建筑上的特点，而忽略了历史沿革、周边环境、城池布局及演变、居民的生计方式、经济往来、礼仪举止、思想观念等丰富文化内涵，加上搬迁后将原住居民全部迁走，古城的搬迁可以说只是挪动了一个已毫无生机的物品、一个引用大昌古城名称而与古城的灵魂没有内在联系的旅游景点而已。

地下文物的保护力度与发掘量不成正比，世界重大考古成就、中国历年十大考古发现从来不是以发掘面积来排顺序的，三峡工程发掘 189.16 万 m^2 这种大开挖的方式，决不能与地下文物、文物保护的成就相提并论。因为“考古学研究的最终目标在于阐明存在于历史发展过程中的规律”(《中国大百科全书·考古学卷》)，而决不是发掘面积，三峡工程的考古工作应围绕解决三峡地区考古学研究的若干重大学术问题而进行，保护的成败并不在于发掘面积，而在于解决学术问题的深度，在于精品意识。

作为一位从事三峡文物保护30多年的考古工作者，我最热切期盼的是，确立三峡文物保护工作精品至上的意识，继续做好三峡工程文物保护工作，提高三峡文物保护的学术水平，无愧于中国文物保护工作黄金时代的黄金工程。

图书在版编目(CIP)数据
长江三峡工程/季昌化主编.
—武汉：长江出版社，2017.7
(长江大保护科普读本/郑守仁主编)
ISBN 978-7-5492-5274-9

Ⅰ.①长… Ⅱ.①季… Ⅲ.①三峡水利工程—问题解答 Ⅳ.①TV632-44

中国版本图书馆CIP数据核字(2017)第155979号

长江三峡工程　　季昌化　主编

责任编辑：贾茜
装帧设计：刘斯佳
封面题字：邱小峰
出版发行：长江出版社
地　　址：武汉市解放大道1863号　　邮　　编：430010
网　　址：http://www.cjpress.com.cn
电　　话：(027)82926557(总编室)
(027)82926806(市场营销部)
经　　销：各地新华书店
印　　刷：武汉市首壹印务有限公司
规　　格：787mm×1092mm　1/16　8.25印张 12页彩页　115千字
版　　次：2017年7月第1版　2018年10月第2次印刷
ISBN　978-7-5492-5274-9
定　　价：29.80元